孩子一看就爱上的
科普小百科

可爱的动物

〔英〕斯图尔特·麦克弗森 / 著
刘雅丹　赵阳　刘思瑞 / 译

吉林科学技术出版社

图书在版编目（CIP）数据

可爱的动物 / (英) 斯图尔特•麦克弗森著 ; 刘雅丹, 赵阳, 刘思瑞译. -- 长春 : 吉林科学技术出版社, 2023.10
（孩子一看就爱上的科普小百科 / 汪雪君主编）
书名原文: Amazing Pets & how to keep them
ISBN 978-7-5744-0505-9

Ⅰ. ①可… Ⅱ. ①斯… ②刘… ③赵… ④刘… Ⅲ. ①昆虫－儿童读物 Ⅳ. ①Q96-49

中国版本图书馆CIP数据核字(2023)第105699号

孩子一看就爱上的科普小百科　可爱的动物
HAIZI YI KAN JIU AISHANG DE KEPU XIAO BAIKE　KEAI DE DONGWU

著　　者　[英]斯图尔特•麦克弗森
译　　者　刘雅丹　赵　阳　刘思瑞
审　　译　刘雅丹　代国庆
出 版 人　宛　霞
责任编辑　汪雪君
封面设计　王　婧
制　　版　长春美印图文设计有限公司
幅面尺寸　285 mm×210 mm
开　　本　16
印　　张　8
字　　数　123千字
页　　数　128
印　　数　1-6 000册
版　　次　2023年10月第1版
印　　次　2023年10月第1次印刷

出　　版　吉林科学技术出版社
发　　行　吉林科学技术出版社
地　　址　长春市福祉大路5788号出版大厦A座
邮　　编　130118
发行部传真 / 电话　0431-81629529　81629530　81629231
　　　　　　　　　81629532　81629533　81629534
储运部电话　0431-86059116
编辑部电话　0431-81629520
印　　刷　吉林省吉广国际广告股份有限公司

书　　号　ISBN 978-7-5744-0505-9
定　　价　88.00元

虫类资讯收藏夹
学习昆虫饲养技巧
鉴赏标本美学
探索观察备忘录
记录身边的虫类
探索自然的奥秘
奇异昆虫观察室
收看虫类纪录片
感受神奇微观世界
昆虫故事电台
收听昆虫记
了解昆虫的一举一动
扫码进入
掌上昆虫研究社
探索奥妙
快乐求知

目录

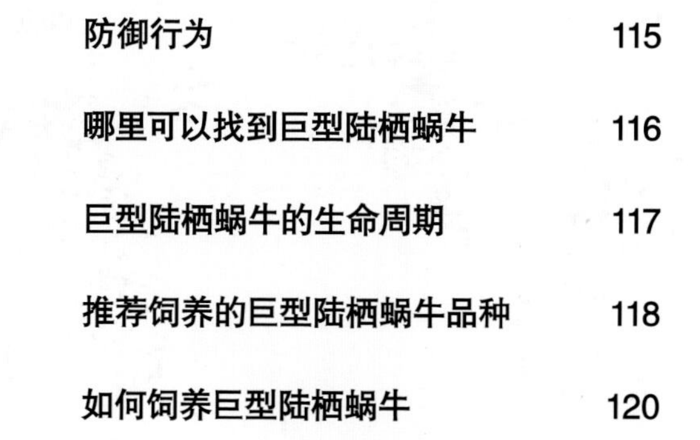
微信扫码
昆虫纪录片
飞虫故事集
虫类资讯集
探索笔记

我是斯图尔特·麦克弗森，在我的卧室里有一个爬行动物的微型动物园。我饲养和收集可爱的小动物，每天细心照顾并观察它们的形状、颜色、行为，以及它们是如何蜕变的。我对这些动物的兴趣逐渐变成了对自然界的热爱。

我相信每个孩子都看过晨光中带着闪闪发光的露珠的美丽蜘蛛网；亲见蝴蝶蜕变的神奇；能翻开原木，看到脚下那些令人惊奇的爬虫们的世界。早期与那些神奇动物相遇的经历将伴随我们一生。

在家里饲养可爱的昆虫是培养孩子探索自然，学会更好地与大自然和谐共处。

这本书展示了一系列令人惊叹、美丽多彩并宜居无害的生物。“孩子一看就爱上的科普小百科”系列适合小学及以上的读者阅读。只要了解其生存需求，所有宠物都很容易饲养。

我真心希望你会喜欢饲养这些可爱的昆虫，通过观察、学习和了解你自己的迷你动物园，逐渐像我一样爱上大自然。

在你决定饲养新的宠物前，需要了解它的需求，包括喂什么，喂多少，每天喂几次；如何给它喂水，喂多少水；了解最适宜饲养它的环境，如何为它提供合适的光照和温度。你还需要了解其繁殖模式和行为。最重要的是，你要清楚饲养任何宠物都会占用你的时间，包括喂食、喂水和清洁工作。不过，宠物会给你带来无尽的快乐。

在你选择新宠前，你需要参考4个黄金法则

1 只从信誉良好，并符合道德规范的渠道购买宠物

当你遇到便宜的卖家时肯定很激动。但是，你有责任确保你的资金流向一个善待动物，能够保持动物健康，且不从事非法贸易的供应商。

一般来说，购买从野外捕获的动物是不可取的，因为大多数宠物可以饲养繁殖，不会影响野生种群。此外，野生动物有可能引发疫病。例如，野生捕获的千足虫可能会携带对农业有害的螨虫。所以，请从正规渠道购买宠物。

2 在保证可以提供适宜宠物生存条件的情况下，再决定饲养

先了解宠物的习性，并与自家环境进行对比。如果你的居住环境寒冷多风，则需要为热带宠物提供恒温居所；如果家中太温暖，则不适宜饲养那些适应寒冷环境的宠物，除非你能在户外为它们提供安全的庇护所。

在饲养宠物前，应试用一段时间宠物的饲养箱，以保证一切正常工作。

尤其要了解你的宠物吃什么。例如，毛毛虫和竹节虫都吃特定植物的叶子，如果给错了，它们就会被饿死。如果你无法提供正确的食物，那就请选择其他宠物吧。

3 请根据饲养能力来确定饲养宠物的数量

购买大量小动物似乎是个好主意，但你必须确保自己能够为每个个体提供充足的空间和健康的生活条件。宠物的数量越多，你提供的食物就越多，你需要清理的垃圾也就越多。当然，有一些物种喜欢群居。你需要和卖家了解清楚你准备饲养的宠物是否适合群居，以及你需要准备多大的饲养箱。

此外，在照料宠物时要非常小心。许多小动物非常脆弱，一滴水就可能对它造成严重伤害或致死。许多宠物应该以特定的方式被对待。例如，不要企图抓住蝴蝶或飞蛾的翅膀，而是从后面慢慢地靠近，让它慢慢地爬到你伸出的手上。

4 不要将宠物遗弃到野外

无论是有意还是无意，都不要在大自然中遗弃你的宠物。作为宠物，独自生活在野外，它的生命将会悲惨而短暂。更重要的是，如果是外来物种可能会给本地野生动植物带来疾病。一旦外来物种存活下来，它们会破坏生态平衡，伤害本地野生动植物，更严重的会造成环境灾难。

目前，有许多非常有趣、奇异的动物可以作为宠物饲养。虽然有些特殊的宠物会有许多特殊的需求，初学者可能难以满足它们，但同样也有些宠物非常适合儿童和其他年龄段的初学者来饲养。

本书介绍的动物是可以安全地在家中饲养的动物。它们中的大多数都很容易饲养，只有少数需要多加照顾。其实，它们的额外要求也很简单，如对温度或湿度的调整。

大多数宠物都有相同的基本需求。除了合适的饲养箱、食物、水和温度，你可能还需要：

- 提供宠物探索的植物或树枝；
- 用来提升湿度的喷雾瓶或喷雾器；
- 用于铺在饲养箱底层的底土（例如土壤或叶霉）；
- 加热垫（家中的温度太低时使用）。

具体饲养信息可以在本书的各种动物介绍中找到。

最后，请注意，虽然本书中的所有动物都可在英国合法饲养，但某些国家有严格的规定，禁止饲养某些非本地物种（例如竹节虫），以防止意外引入外来物种。

请联系你所在国家或地区的主管部门，以确定你在家中饲养的物种是合法的。

饲养箱

不同品种的动物所适合的饲养箱也有所不同，通常包括小的玻璃鱼缸或塑料鱼缸、盖子上有气孔的大塑料罐、网状蝴蝶盒或专用玻璃容器。这些饲养箱应该有足够的通风以确保宠物健康。顶部若是网状虽然非常合适，却会降低湿度，因此，盖子的选择还是有必要加上的。

一般陆生动物饲养箱的长度、宽度和高度至少是宠物的 3 倍，特殊的宠物可能还需要更大的饲养箱。

理想的底土包括肥沃的土壤、无泥炭堆肥和沙子的混合物或蛭石（这些在园艺店和一些宠物店都可以买到）。底土应有 2 厘米厚。理想的底土能够在吸水的同时防霉，像这样透气的底土有助于保持养殖箱内的水分并增加湿度。

清洁饲养箱时，只需移除所有底土，并用热水清洗内部。不要使用任何清洁剂，因为这样会伤害到动物。在将动物送回饲养箱前，应烘干饲养箱并添加新鲜的底土。

喂食

一些宠物会吃从宠物店购买的颗粒饲料，而有些宠物可能只吃活的昆虫或新鲜的水果、蔬菜。你可以从宠物商店购买蟋蟀或果蝇等一些活饵料。

要确保从饲养箱中取出没吃完的食物，以保持箱内清洁卫生。

温度

在欧洲和北美等温带地区饲养热带生物可能需要人工加热，以保持合适的温度，尤其是在冬季。可以通过使用适合宠物的加热垫来实现。使用加热垫时，你需要保证底土保持一定的湿度。

水

所有动物都需要水，但并非所有动物都会从盘子里喝水。有些昆虫仅从食物中获取水分。在这种情况下，食物必须始终新鲜多汁。有一些动物只能从叶子上或饲养箱壁上的小水滴中喝水。在这种情况下，应每天适量往饲养箱里面的植物或树枝上喷水。

动物小百科

什么是无脊椎动物

本书中的所有动物都属于无脊椎动物。无脊椎动物是没有脊椎的动物。它们是一个非常庞大且多种多样的生物群。有一些无脊椎动物身体很柔软，如蚯蚓、水母、海葵和蜗牛；还有一些无脊椎动物拥有坚硬的外壳（称为外骨骼），而不是骨骼，如蜘蛛和千足虫。这个外壳有点像保护它们的盔甲。

我们已知的无脊椎动物至少有125万种，是地球上种类最多的生物，并且每年都会有新的无脊椎动物种类被发现，一些科学家认为可能还会有多达1000万个物种未被发现。这似乎令人难以置信，但这些物种很小，而且它们通常生活在人们难以到达的地方，例如，巴西热带雨林的树冠上或深海里。当我们慢慢探索到这些栖息地时，便会发现在一棵树上可以发现数百种新的无脊椎动物（主要是微小的）。

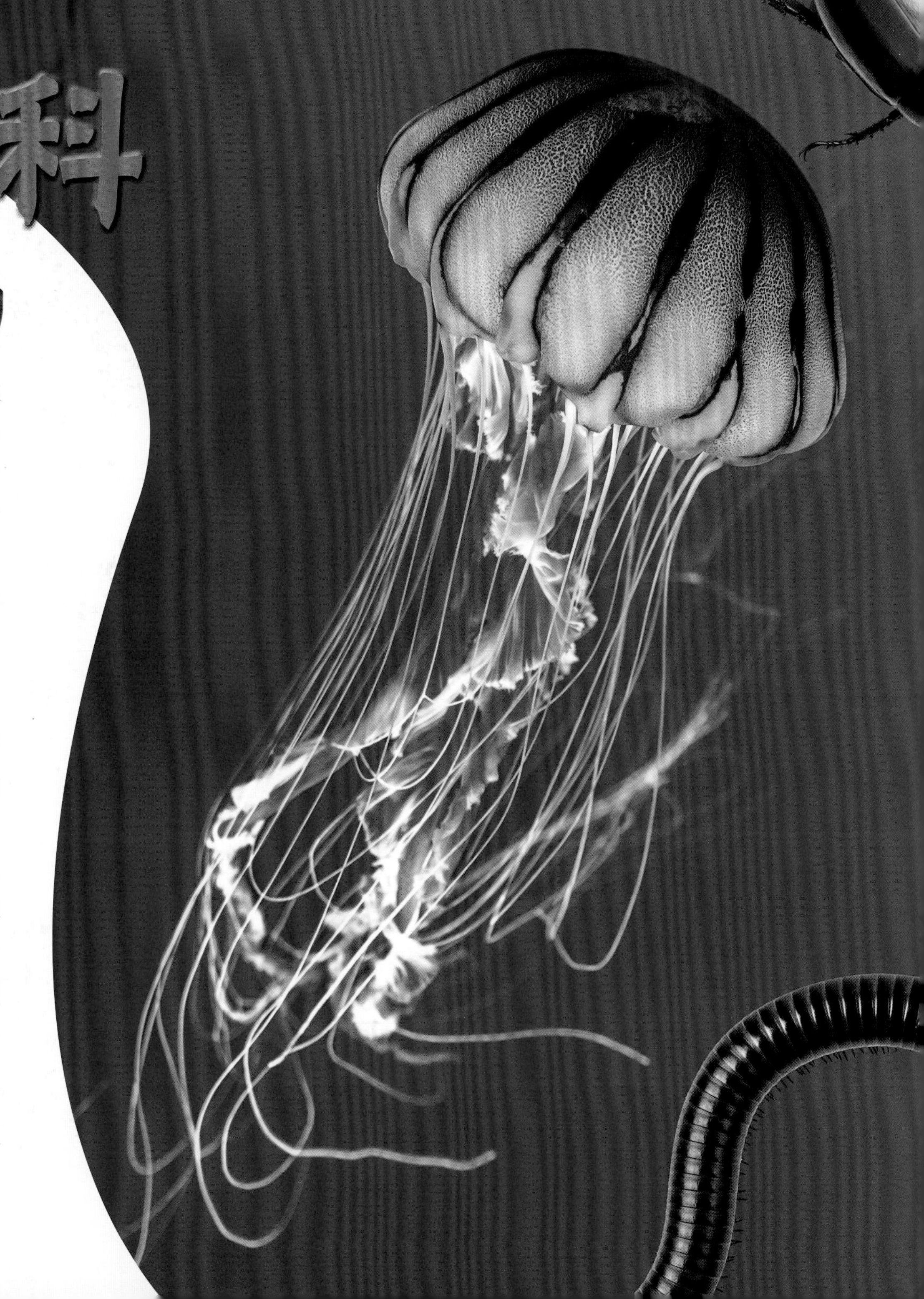

无脊椎动物真是令人不可思议，它们是地球上第一批进化的动物，也是第一批从海洋进化到陆地上的动物。最古老的无脊椎动物化石可追溯到6.65亿年前，甚至一些科学家认为它们起源的时间更早，早至10亿年前。一些无脊椎动物被视为“活化石”，因为它们几千万年来几乎没有变化。

无脊椎动物法则

如果让你说出一种动物，你会想到什么？是狮子、老虎，还是大象？这些都是一些体形较大、令人印象深刻的动物。但你知道吗？如果把世界上所有的无脊椎动物加起来，它们的重量将比所有其他动物群体总和还要重。

让我们来深入探索无脊椎动物吧！

什么是节肢动物

无脊椎动物中最大的两类是节肢动物和软体动物。我们首先来看最大的一类——节肢动物。

节肢动物是有外骨骼，身体和成对的附肢也分节的动物（如触角、口器、鳃、腿和尾巴）。一些节肢动物的幼虫看起来很柔软，但成虫都是坚硬的，就像蝴蝶和甲虫一样。

节肢动物的形状和大小各异，体形差异很大。它们是无脊椎动物中数量最庞大的物种，约占地球上所有已知动物物种的 80%，但科学家们认为仍有数百万未知的节肢动物有待被发现。

令人难以置信的是，节肢动物几乎生活在地球的每个角落。节肢动物有很多种，在这里我们只介绍种群较大的群体。

昆虫有 3 个体节（头、胸、腹），3 对有节的腿，有单眼、复眼和 1 对触角。昆虫是迄今为止地球上所有动物中最大的群体，几乎遍布地球上所有角落，哪怕是在海洋中也有少数昆虫生活着。

甲壳类动物有坚硬的外骨骼、成对的附肢或四肢和一对触角。甲壳类动物种类繁多，包括螃蟹、龙虾、虾，甚至磷虾、木虱和藤壶。大多数甲壳类动物生活在水生环境（主要是海洋）中，但也有一些生活在陆地上。你可以在第 87 页了解如何饲养甲壳类动物。

多足类动物有 1 对触角和细长的身体，许多带节段的腿，如蜈蚣和千足虫。多足类动物往往有数百条腿。你可以在第 92 页找到有关巨型千足虫的相关信息。

螯肢动物具有分段的身体和有关节的腿，是唯一没有触角的节肢动物种类。它们是古老的节肢动物群体，包括一些节肢动物（如蜘蛛和蝎子）、马蹄蟹和海蜘蛛。

成长的烦恼

所有节肢动物的外骨骼都非常坚硬，不具有灵活性，不会随着动物的成长而增大。因此，它们需要经常蜕去外骨骼，这个过程通常被称为蜕皮，以增大体形。当节肢动物蜕皮时，它的外骨骼分裂开来，动物摆动身体并爬出外骨骼。节肢动物能够在新外骨骼变硬之前生长、变大。

什么是软体动物

所有软体动物的身体都是柔软且不分节的，大多数有坚硬的保护壳。它们还有一层外罩，这是一种特殊的体壁，可以保护它们柔软的器官。许多软体动物有一种叫作齿舌的特殊舌头。它的作用就像一个用于刮或切食物的微型奶酪刨丝器。

软体动物是第二大无脊椎动物群，目前已知的物种约有 80000 种。

软体动物有很多种类，包括蜗牛、蛞蝓、蛤蜊、鸟蛤、贻贝、鱿鱼、墨鱼和章鱼等。令人惊奇的是聪明的章鱼竟然与笨拙的鸟蛤有亲戚关系。一些章鱼有能力解决简单问题。例如，拧开罐盖以获得食物。许多饲养记录上都有关于章鱼的有趣记载，说它能在夜间爬行数米远，爬入其他海洋生物的饲养箱中，吃掉所有能找到的食物后，再悄悄返回自己的饲养箱。

百变能手

许多软体动物具有以改变身体颜色来交流或发出警告的惊人能力。

其中，鱿鱼、墨鱼和章鱼的这种能力最为发达，有些物种可以在眨眼间完全改变颜色。它们的皮肤含有数千个称为色素细胞的特殊细胞。每个色素细胞的中心都包含一个充满色素的囊，就像一个微小气球。这个囊可以扩大，使动物皮肤上的颜色更明显。

这就是这些动物如何变成不同的颜色的秘密。

虽然许多软体动物都很小，但有一些海洋软体动物非常巨大。巨型鱿鱼就可以长到约 13 米长，体重可达 1 吨左右。而鲜为人知的巨型鱿鱼还可能会长得更大，长度可达 14 米左右。

螳螂

螳螂是致命的，有如噩梦般的杀手。它们的大爪子能够像闪电一样快速移动。由于它们会像祈祷一样举起前腿，这种姿势是为了伏击猎物而时刻准备着，它们也被称为“祈祷的螳螂”。

螳螂长什么样

螳螂的身体由头部、胸部（中）和腹部（后）组成。所有的螳螂都有 2 条中足、2 条后足，还有 2 条前足用来抓住猎物。这些腿通常布满刺，以帮助它们抓住猎物。螳螂的三角形头部是其身体最小的部分，两侧各有 1 只大眼睛，中间有 3 只小眼睛。这种不寻常的外观让它们看起来像外星生物。它们有 2 只触角，位于头顶，下方有强大的下颌骨（下颚），用于撕裂猎物。

螳螂的腹部相对较大，但很多品种的螳螂整体都很纤细，使它们能够快速移动。

大多数成年螳螂有 2 对翅膀，1 对较为厚重的前翅下，保护着 1 对精致的后翅，后翅可以用于飞翔。大多螳螂的品种中，雄性可以飞行而雌性不能（因为它们更大更重）。有一些螳螂品种，成年螳螂完全不长翅膀，或翅膀小到发挥不了任何作用。大多数螳螂长 8～10 厘米，但最小的品种长度只有 1 厘米，最大的可超过 20 厘米。

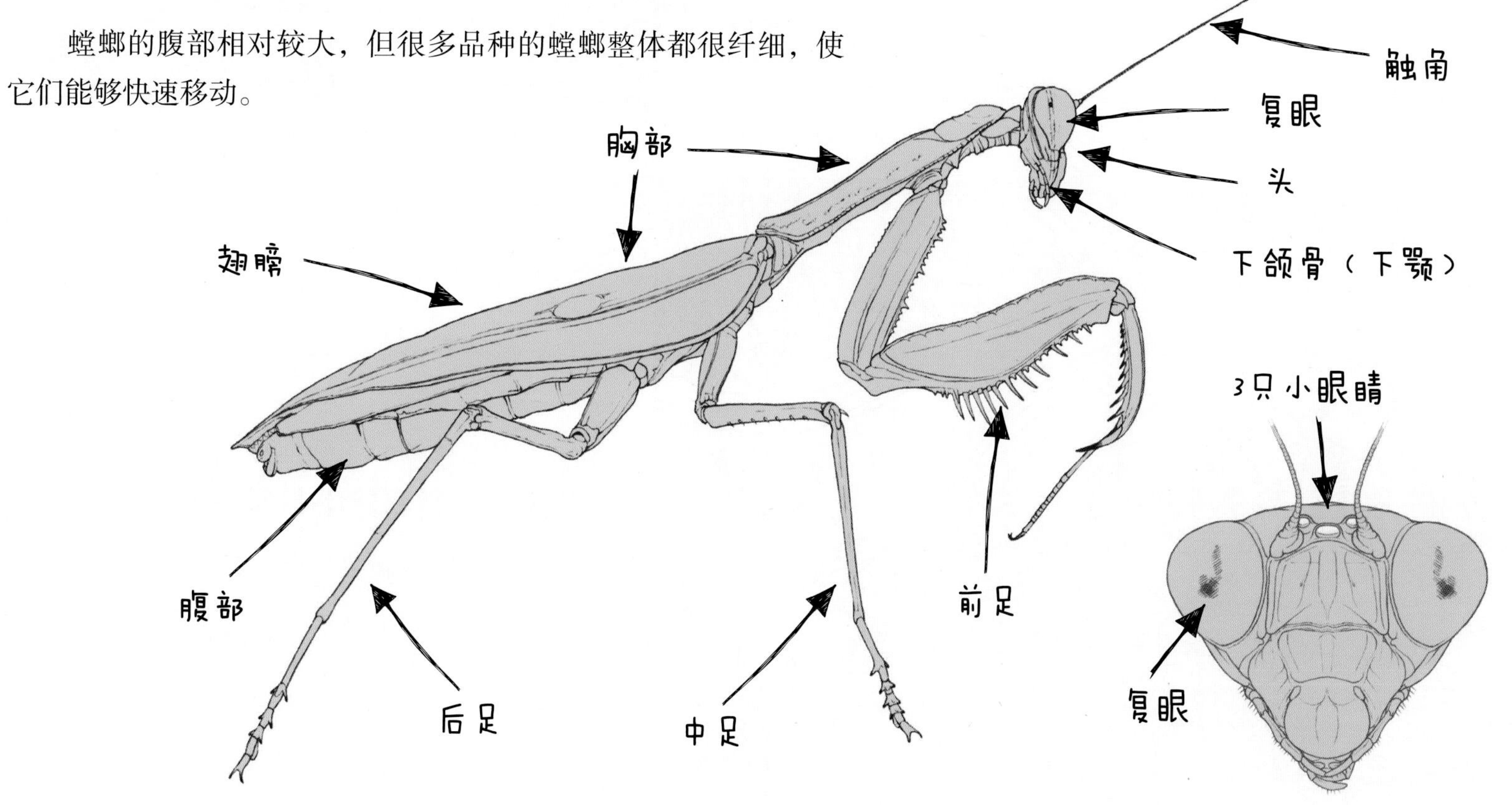

武器

蝗螂有强大的前腿，能够伸展并抓住一个和其体形相仿的猎物。强壮的前腿可以在几分之一秒内伸展和缩回。前腿主要分为 3 个部分，离螳螂身体最远的两部分像剪刀一样相互折叠起来。它们通常是锯齿状的，更像是一个锯片，可以刺穿猎物的身体并紧紧抓住猎物。

螳螂吃什么

螳螂的美食包括一些昆虫，如蝴蝶、飞蛾、蟋蟀、蚂蚁、甲虫、苍蝇、蟑螂，甚至其他螳螂。非洲最大的螳螂偶尔会捕捉小老鼠和蜥蜴，而美洲最大的螳螂可能会捕捉到小型蜂鸟和青蛙。

螳螂会等待猎物来到它们身边。螳螂不使用毒素，一旦到达攻击距离之内，会用两只前腿杀死猎物（猎物通常和螳螂一样大），并立即被拉向下颚，享用美餐。

防御行为

当受到威胁时，螳螂可能会大幅度扬起前翅，以示警告，警示潜在的捕食者，并把它们吓走。一些品种甚至会伸张其有颜色带的前腿，以明显张扬和挥手的形式来示威。

螳螂示威行为往往令人印象深刻。一些螳螂非常容易发出警告，即使你只是路过它的饲养箱。

伪装大师

螳螂是最擅长伏击的捕食者，它们会依靠伪装来隐藏自己。大多数品种或多或少颜色都与周围环境相匹配，绿色和棕色是最常见的颜色，可有些螳螂看起来就像鲜艳的花朵。

哪里能找到螳螂

螳螂分布于热带、亚热带和暖温带地区，甚至有少数品种生存在沙漠中，但非常寒冷的地区以及许多孤立的海洋岛屿中是看不到螳螂的。

你可知道？

螳螂与蟑螂虽然两者看起来并不特别相似，但它们却具有很多共同特征，包括卵囊、生殖器官和头部的内部结构。这两种昆虫的消化系统都包含类似于鸟类胼胝的结构，可在消化之前将固体食物磨碎。

肢体再生

有趣的是，如果螳螂失去一条腿，它会在下一次蜕皮时再生，前足除外。螳螂一旦失去其中 1 条或 2 条前足通常是致命的。

螳螂的生命周期

螳螂可以活 6 个月到 1 年。它们的生命周期分为 3 个阶段：卵、若虫和成虫。

交配后的 2 周内，交配的雌螳螂会在草丛、灌木或树枝上留下 1 个卵囊（卵鞘）。卵囊起初以泡沫形式出现，很快变硬，外表可以提供绝缘、保护和伪装。螳螂卵囊的形状和大小都是独一无二的。卵囊中 200～400 个卵都有独立的空间。在季节性寒冷地区，螳螂在秋季产卵，越冬至春季，而在热带地区则随时可以产卵孵化。当小螳螂从卵孵化为若虫时，它们只有 2～7 毫米长，看起来像微型成虫，没有翅膀和成虫的颜色。一些品种的若虫会伪装，甚至可以模仿蚂蚁。若虫捕食微小的苍蝇、叮人的小虫和蚊子，但如果食物匮乏，许多若虫会尝试吃掉它们的兄弟姐妹。只有少数若虫能活到成年。

捕食性的若虫会迅速成长，在成年前蜕皮 6～9 次。为了方便脱落，它们通常倒挂，然后在旧外骨骼裂开后爬出。新外骨骼起初是柔软的，在变硬之前会膨胀。在最后一次蜕皮后，螳螂就是达到性成熟的成虫，可以准备交配了。尽管大家普遍认为，雌性螳螂在咬掉雄性螳螂头后会吃掉它们，但在大多数情况下，雄性螳螂在交配后仍安然无恙，只有不到 30% 的雄性螳螂会被杀死并被吃掉。

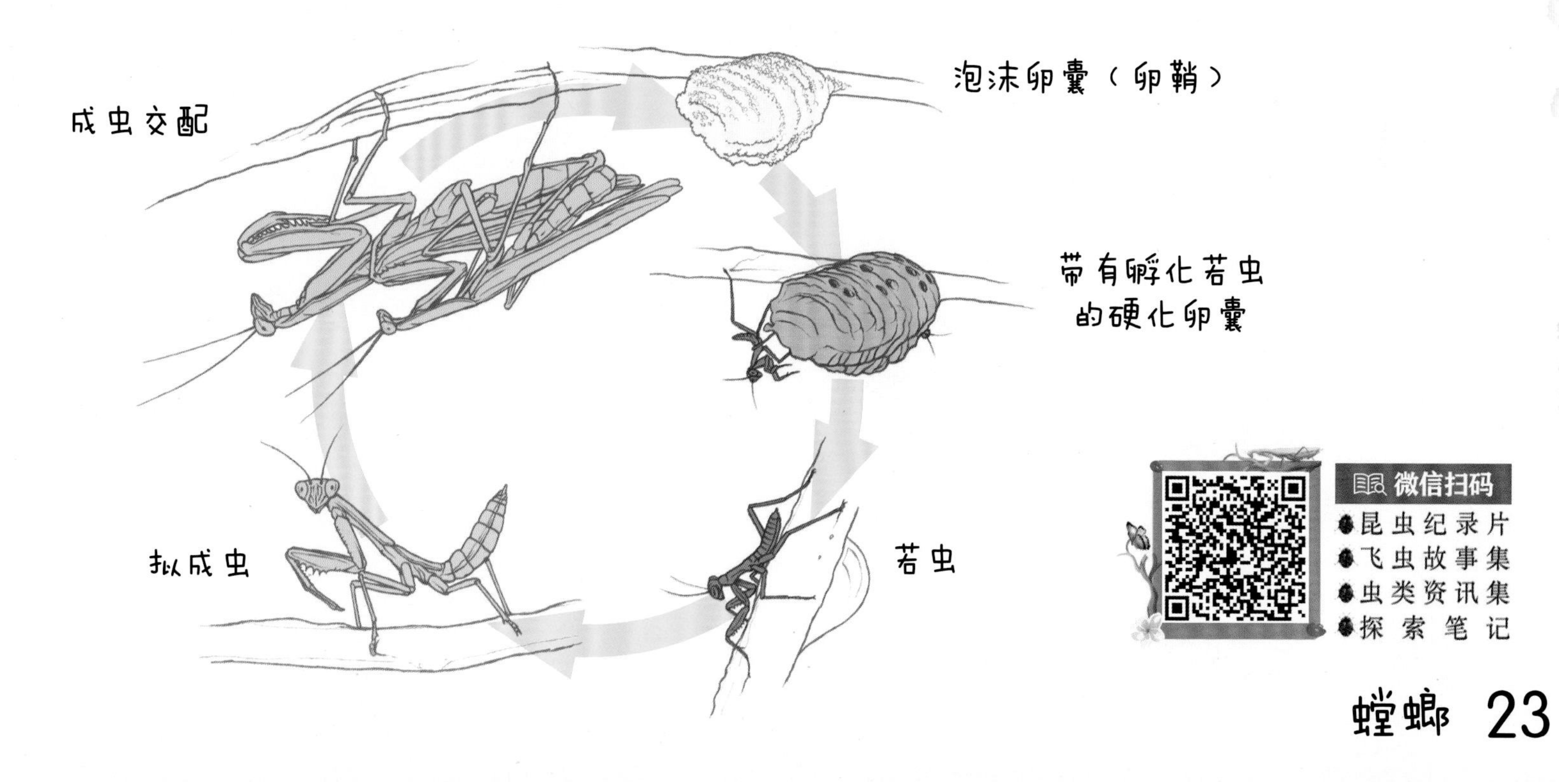

推荐饲养的螳螂品种

全世界已经发现了 2400 多种螳螂，哪种最大尚未确定，但最重的应该是东南亚菱背螳属，而最长的是南美洲的眼翅螳属。已知最小的螳螂是澳大利亚特有的地面螳螂，成虫只有 10 毫米长，两眼相距仅 2 毫米。螳螂是令人惊叹的宠物，因为它们已经进化成各种可以想象的形状和颜色来扮演捕食者的角色。以下是可作为宠物的螳螂品种。

祈祷螳螂是第一个被命名的螳螂物种。在很多情况下，典型螳螂的形象是绿色的，有翅膀，并在典型的祈祷姿势中抬起前腿。

祈祷螳螂

佛罗里达树皮螳螂
（成年雌性）

然而，有许多品种在奇怪而美妙的摇摆中偏离了螳螂的典型外观。例如，微小的树皮螳螂有着深蹲扁平的身体，小前腿和斑驳的颜色，就像树皮一样。

树皮螳螂在埋伏中等待诱捕其他在寄主树干上上下移动的小昆虫。有些树皮螳螂伪装得非常完美，几乎很难被发现。

刺螳螂身体非常纤细、细长，隐藏在树枝或草叶之间以进行伪装。它们的前腿通常非常窄，且相对精致，因此，它们主要捕捉的往往是小型猎物。

草螳螂比刺螳螂具有更好的狩猎伪装。它们的身躯极长，极瘦，通常是绿色的，就像草叶一样。它们的前腿很长，但有刺爪。所以它们大多可捕捉到草栖苍蝇、蚊、蚋和其他容易被制服的猎物。

拳击手螳螂是一种粗壮的昆虫。它们的前腿非常强壮，能够抓住和抵挡比自己大的猎物。拳击手螳螂的前腿通常带有大刺，可以帮助它们捕捉猎物。这些螳螂在相互交流时像拳击手一样移动，在空中挥舞前腿，因此得名。

枯叶螳螂是伪装忍者。它们以不寻常的翅膀包裹着腹部，翅膀带有纹理，就像卷曲的枯叶一样。而胸部在两侧扩张成一片枯叶的形状，有完整的叶脉。枯叶螳螂的整个身体是棕色的，偶尔会有斑驳或瑕疵，看起来更令人相信它是一片枯叶。它们有非常有力的前足，带有匕首状的刺，而有些品种的后腿颜色非常鲜艳。枯叶螳螂发出警告的样子是非常令人震惊的。

枯叶螳螂

绿叶螳螂（雄性）

绿叶螳螂与枯叶螳螂相似，但更像绿叶而不是枯叶。大多数绿叶螳螂是鲜绿色的，它们的腹部通常比枯叶螳螂腹部更宽，这可能是因为绿叶更平整而不像枯叶那样卷曲。绿叶螳螂也有类似于绿叶的叶脉。

绿叶螳螂（雌性）

小提琴螳螂，印琴锥螳（雄性）

幽灵螳螂体形小（最长 5 厘米），身体结构非常特殊，有许多突起（包括一个大大的结构不对称的头）。扭曲的身体轮廓，类似于枯萎的叶子。幽灵螳螂有非常多变的颜色。每次外骨骼脱落时，个体的颜色都可能会发生变化，如何变化取决于环境湿度水平。这个品种被称为幽灵螳螂，因为它的伪装非常完美，一动不动的时候你几乎看不到它。

幽灵螳螂

小提琴螳螂之所以有这样的名字，是因为它们长而窄的胸部，形似小提琴。这种螳螂的胸部顶部有扩张的翼缘、宽阔的前翅和相对大而尖的触角，这种螳螂确实非常引人注目。

旋转的头

螳螂的头部可旋转 180 度。因此，螳螂几乎可以看到任何方向，并且可以在长达 20 米的距离内探测到猎物。

兰花螳螂将模仿艺术提升到了最高水平：根据物种的不同，它们的肢体呈白色、黄色或亮粉色，而它们的中足、后足可形成类似扁平的花瓣状。这些螳螂不会藏在花丛中伪装自己，而是像真花一样通过反射紫外线直接吸引传粉昆虫。它们坐在植物的茎上，把自己的身体摆成一朵花，当昆虫被吸引过来时，它们就会猛扑过去。科学家已经表明，昆虫会比靠近真正的花朵更频繁地接近这些螳螂。

花螳螂像兰花螳螂一样，也依靠鲜艳的色彩和紫外线反射图案吸引猎物。花螳螂是一个广泛的群体，有十几种，其中许多颜色鲜艳，或者全身有引人注目的绿色、白色和蓝色图案。

一些螳螂的前翅上有眼纹，与警戒色一起使用，以迷惑潜在的捕食者。通过展示眼纹，螳螂看起来比实际更大一些。这些伎俩都是昆虫们保护自身免受伤害的非常有效的方式。

如何饲养螳螂

许多品种的螳螂相对容易饲养，让我们可以近距离观察它们的行为。要饲养螳螂，你需要以下设备：

- 理想尺寸为长、宽、高约 30 厘米的饲养箱；
- 饲养箱底部铺一些底土；
- 用作栖木的树枝或树叶；
- 喷雾瓶或喷雾器；
- 带恒温器的加热垫；
- 作为食物的活昆虫。

以上这些宠物店都有销售。

合适的饲养箱

由玻璃或塑料制成的小鱼缸、大塑料罐、可折叠的网状蝴蝶盒或玻璃容器都可以用来饲养成年螳螂。饲养箱必须通风，使用网状顶部或要确保外壳顶部和侧面有许多小孔。

饲养箱的大小很重要。它的长度、宽度和高度至少应是螳螂的 3 倍。这将确保螳螂有足够的活动空间。饲养箱不能太小，如果空间不足，螳螂无法正常蜕皮，它可能会因此而死亡。

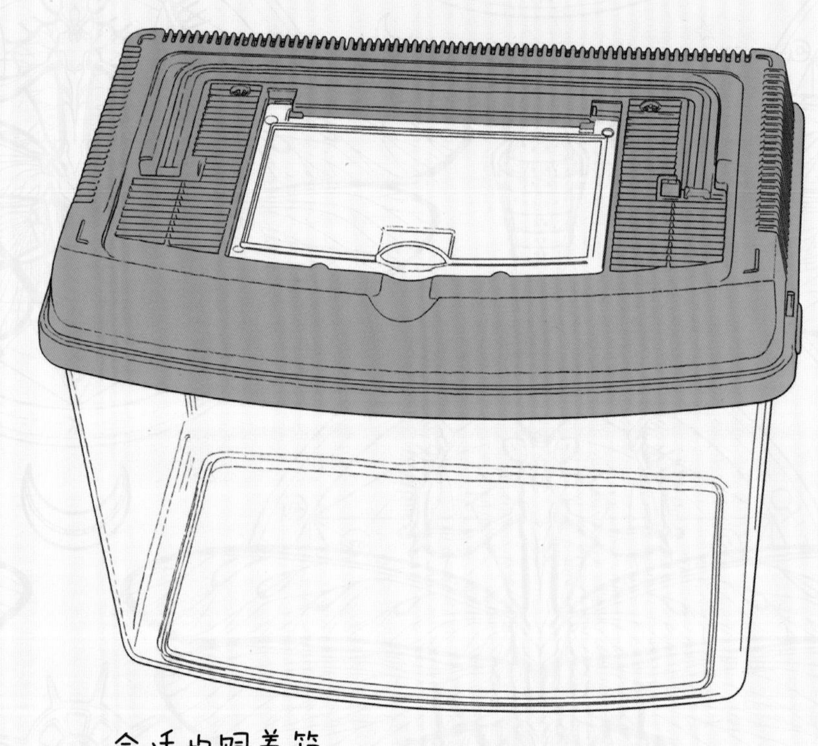

合适的饲养箱

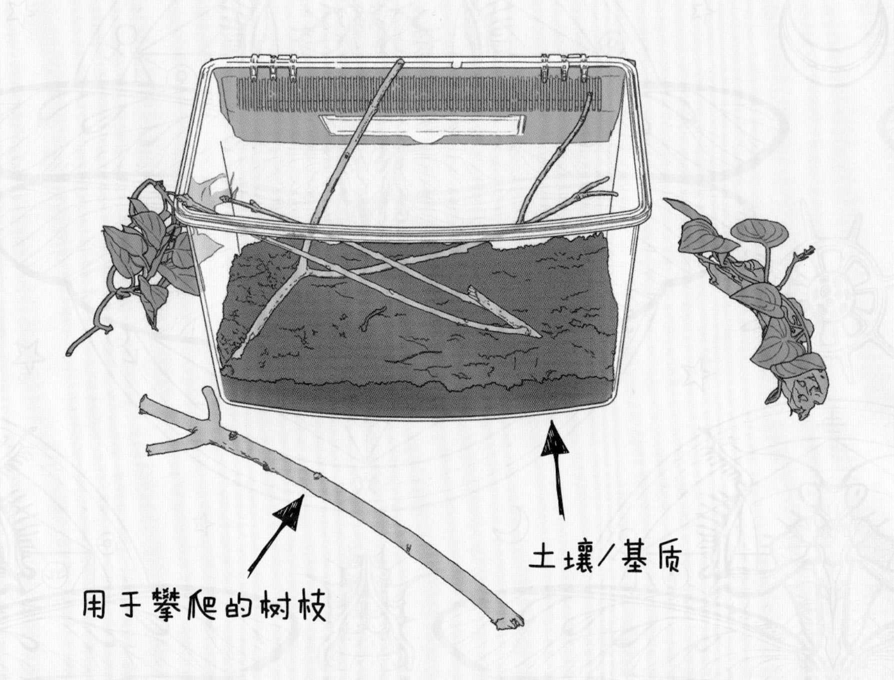

你可知道

除了非常幼小的螳螂外，所有的螳螂都应该被单独饲养。螳螂会攻击并吃掉其他螳螂，甚至它们的兄弟姐妹，所以把它们安置在同一个饲养箱里会令它们的处境更危险。

饲养箱底土

饲养箱底部应该垫上约 2 厘米厚的盆栽土或蛭石——这两样东西可以在园艺店或一些超市找到。理想的底土是一种既能吸水又能防霉的材质。土壤透气的基质有助于保持水分和增加湿度，这在螳螂蜕皮时尤为重要。

栖木

好的栖木对于螳螂的蜕皮和狩猎非常重要。应该提供几根几乎到达饲养箱顶部的树枝，提供可以悬挂它们的地方。饲养箱中的所有物品都应不含杀虫剂。你可以使用植物或人造植物，但空间不可布置得太拥挤。

清理

由于螳螂不会产生太多垃圾，因此它们的饲养箱不需要经常清洁。然而，任何被吃了一半的食物残渣都必须清除，以防止它们腐烂而引发疾病。清理饲养箱时，请小心地将螳螂转移到安全的容器中，去除饲养箱中所有污垢，然后用热水清洗内部。不要使用任何清洁剂，因为其中一些物质会伤害螳螂。在将螳螂送回“家”之前，要将饲养箱擦干并添加新的底土。

水

你不需要将水碗与螳螂一起放入饲养箱中。可以每周轻轻在饲养箱内部喷洒几次水，螳螂会从树叶、树枝，甚至饲养箱壁上聚集的水滴中喝水。任何多余的水都会蒸发。螳螂稍微变湿是可以的，但绝对不能淋湿，因为淋湿了可能会使它的身体不堪重负。

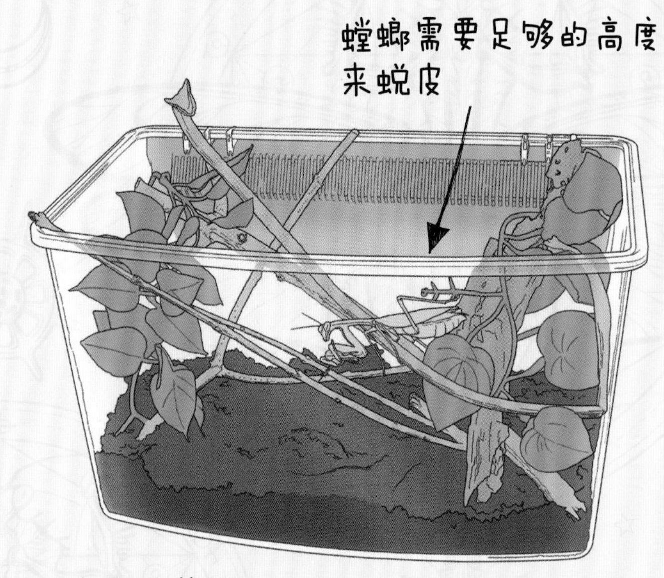

完整的螳螂饲养箱

其他要求

大多数螳螂喜欢温暖的环境，白天20~28℃，晚上稍微凉爽时，可以通过加热垫来调节温度。如果你使用加热器，请时刻确保土壤不会完全变干。

如果你注意到你的螳螂已经好几天没有进食了，它可能即将蜕皮。当螳螂准备蜕皮时，重要的是不要打扰或触摸它，因为你的触摸可能会导致它摔倒。将湿度调整到略高于正常水平，有助于螳螂在不受伤的情况下蜕皮。

螳螂在蜕皮后，它的外骨骼在几个小时内是很柔软的。这时候它很容易受伤，不要触碰它。新的外骨骼会在几个小时内变硬，螳螂将再次在它的饲养箱中活动。

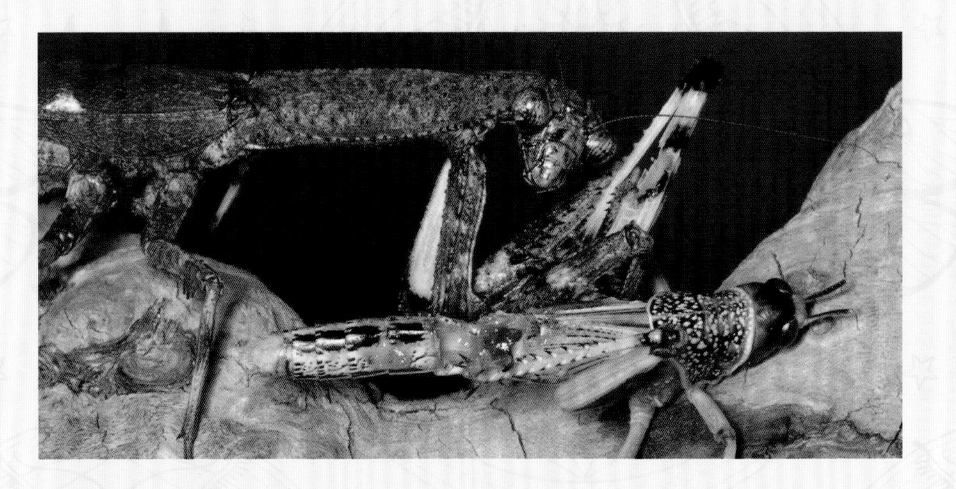

螳螂的饲养方法

螳螂只吃活的昆虫。你可以从许多宠物商店购买活蟋蟀、蝗虫和果蝇。

螳螂的猎物应比螳螂本身小。每隔1天，将1~2只猎物放入螳螂的饲养箱。它通常每隔1~4天就会捕食1只新昆虫。几小时后应清除死亡或未食用的昆虫，并在下次喂食时更换昆虫的品种。猎物可以直接放在饲养箱内，让螳螂自己找，但有些人更喜欢用镊子将猎物靠近螳螂。刚孵化的螳螂需要非常小的猎物，就像果蝇幼虫这类小昆虫很适合作为它的食物。

如果雌性螳螂即将产卵，它的食欲可能会大大增加。如有必要，你需要为它提供额外的食物。

要始终确保从饲养箱中取出死亡或部分未吃掉的猎物，以保持箱内良好的卫生环境；确保活的猎物没有藏起来或太难让螳螂找到，尤其是在螳螂幼小的时候。

如何抓取螳螂

螳螂看起来很娇弱，它们比许多昆虫更容易被抓住和观察。请注意，螳螂有时会用前腿攻击人的手指，但它们不太可能造成伤害并且无毒。通常很少见到螳螂攻击人，它们只会在你的手指像猎物一样挥舞时才会攻击你的手指。

如果你想抓住你的螳螂，要慢慢地将你的手从前面滑到它下面，让它继续爬行。如果必要，你可以从后面轻轻地拱它。不要快速移动或从上方抓住螳螂，因为这会给螳螂施加压力并使其逃跑，可能会对螳螂造成伤害。

让螳螂爬过你的手掌，当它爬到你的手掌末端时，把另一只手放在它前面，让它继续前进。

螳螂的繁殖

把成年雄性和雌性螳螂放在一起时很容易促进它们繁殖。你可以通过观察它们的腹部来分辨雌雄：雄性螳螂的腹部有 8 节，而雌性只有 6 节。在某些品种中，雄性和雌性的外观也有很大不同。螳螂的交配通常会在它们最后一次蜕皮后大约 2 周进行。

交配，注意雌性比雄性大得多

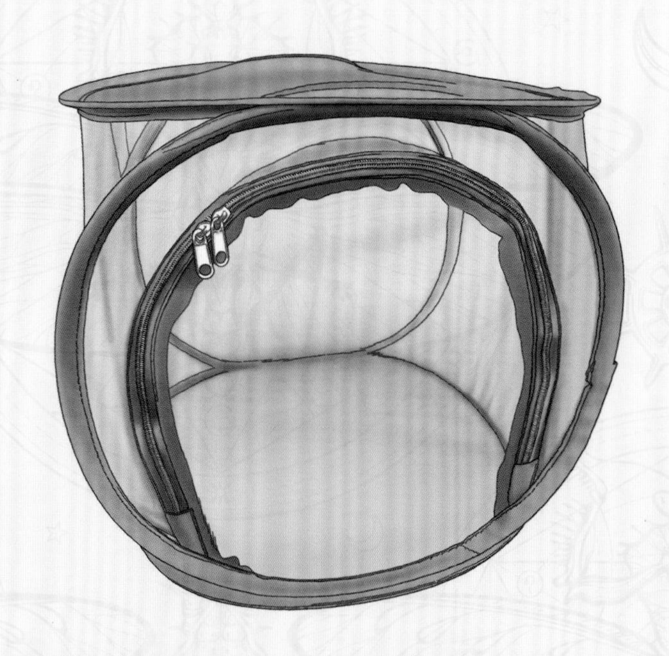

卵囊应保存在没有大通风孔的饲养箱内，这是因为孵化后的螳螂若虫只有 2~7 毫米长，即使是小洞也能轻易逃脱。大多数饲养者在卵囊孵化后将若虫放在一起饲养几周。为了喂养它们，饲养者需要提供大量的果蝇——无翅的品种是最好的，还要确保食物充足。螳螂的自相残杀是很自然的，如果它们长时间在一起，若虫会互相厮杀，直到只剩下一只大若虫为止。

适合饲养螳螂若虫的饲养箱

为了让你的螳螂繁殖，它们需要被安置在同一个饲养箱内。在把即将当爸爸妈妈的雄性和雌性螳螂聚集在一起之前，重要的是要喂饱它们，降低它们吃掉对方的风险。在傍晚时把这对螳螂情人放在一起，要注意监视雌螳螂，以确保它不会对雄螳螂表现出攻击性。如果它似乎准备好攻击雄螳螂，或者雄螳螂很激动，请将它们分开，然后在不同的场合再试一次。

如果没有攻击迹象，雄螳螂和雌螳螂就可以放在一起交配。雄螳螂会爬到雌螳螂身上，交配可能需要几个小时。某些品种的螳螂交配只在晚上进行。一旦它们完成交配，就应该分开饲养。成功交配的螳螂妈妈将终身保持生育能力，一般不需要再次交配。然而，如果它一次就产下很多受精卵囊，可以让它再次交配。

螳螂若虫从卵囊（卵鞘）中爬出

竹节虫

竹节虫是大自然的伪装大师，它们非常善于伪装，以至它们几乎可以像幽灵一样消失在树枝和树叶之间。一部分竹节虫被称为叶䗛，因为它们看起来就像叶子（左图），这让早期的研究人员感到困惑，他们认为某些树木的叶子在落下时会“复活”。

竹节虫长什么样

竹节虫和叶䗛有多种不同的形状，大小和颜色也不一样。在某些情况下，雄性和雌性看起来相同，而在其他情况下，两种性别看起来完全不同。最小的竹节虫只有 2~3 厘米长，而最大的可达 62.4 厘米长。它是世界上最长的昆虫。

所有竹节虫的身体都由头部、胸部（中部）和腹部（后部）组成。身体的大部分由腹部构成，通常很长很细。所有竹节虫都有 6 条腿、1 个头、2 只眼睛（在某些物种中还有光敏器官）、2 只狭窄的触角和用于咀嚼树叶的下颚。有些品种有翅膀，有些品种只有部分翅膀，而有些则根本没有翅膀。有翅膀的品种，只有在成年后才会发育出翅膀。前翅通常坚硬而厚实以保护后翅，有点像甲虫用外壳来保护它们的翅膀。保护性前翅可以高度伪装，具有类似于树叶和树皮的纹理、形状和颜色。

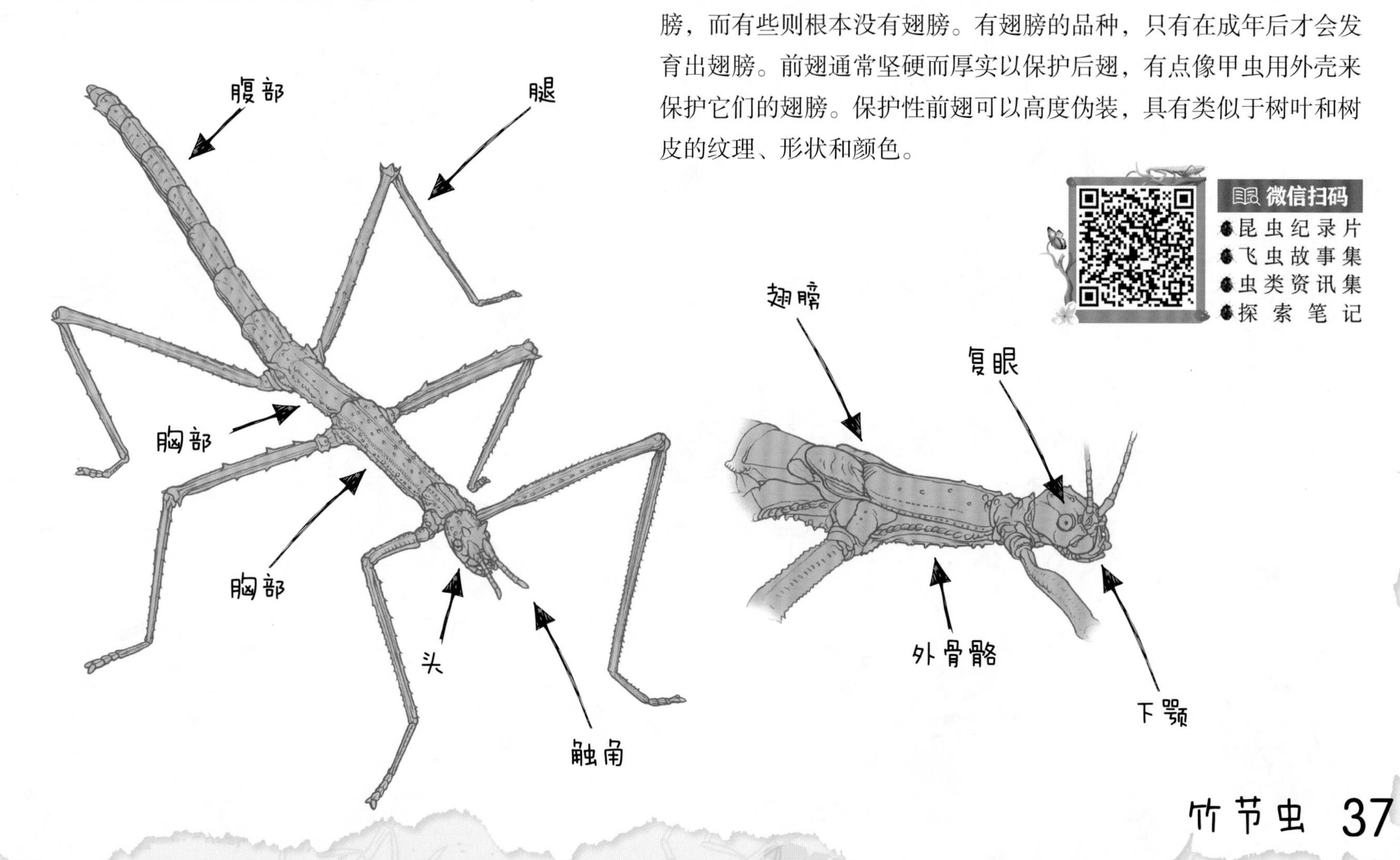

武器

大多数竹节虫没有任何形式的武器，但许多品种的腿和身体上都有刺。这些品种中最大的刺在它们的后腿上，它们可以像钳子一样咬合在一起。其他品种会释放恶臭的液体或刺激物来驱赶捕食者。

装死

某些品种的竹节虫和叶蝻在受到惊吓时会装死，身体变得僵硬，腿沿着身体的线条并拢，就像树叶或树枝一样落到地上。在落叶中找到一只竹节虫是非常困难的。

竹节虫吃什么

竹节虫都是植食性的，吃不同种类的植物，通常是植物的叶子。有些竹节虫可以吃许多不同的植物，而有一些品种的竹节虫只吃某种特定的植物。

防御行为

大多数竹节虫依靠巧妙的伪装和缓慢的移动来保持不被捕食者发现。在受到威胁时，它们会摆出威吓的姿态来试图吓跑攻击者，包括明亮颜色警告，侵略性姿势，通过摩擦腿发出“嗞嗞”声，或通过将腹部向前弯曲到头顶来模仿蝎子。

高超伪装

叶䗛有扁平的腹部，部分品种的腿也是扁平的，带有叶状的脉络和斑点，就像植物真正的叶子一样。

哪里能找到竹节虫

竹节虫分布于热带、亚热带和温带地区。大多数生活在热带地区。热带地区的竹节虫品种多，数量也多。

不同种类的竹节虫生活在不同层次的植被中。

树冠层

许多种类的竹节虫生活在森林的树冠（顶枝和树叶）中，并且往往非常巧妙地隐藏在树枝和树叶之间，以避免被鸟类以及其他捕食者发现。这些树冠栖息者包括叶蟖和许多细长的竹节虫种类。

中间层

生活在森林中层的竹节虫往往更粗壮，体形、尺寸和颜色多种多样。许多生活在中间层的竹节虫的颜色通常是斑驳的绿色和棕色，使它们能够与树皮以及树枝上的地衣和苔藓融为一体。它们通常具有功能齐全的翅膀，这使它们可以在寻找配偶时在树木之间进行穿梭。

地表层

少数竹节虫生活在森林的地面上，它们往往体形较大，体积较重，颜色较深，并有坚硬的外壳。它们甚至有锋利的刺来保护它们免受森林地面上敌人的伤害。有些品种会使用产卵器（即雌性腹部的特殊尖刺，可以将卵注入土壤中）将它们的卵留在土壤中。

竹节虫的生命周期

竹节虫可以存活几个月到5年，具体寿命取决于品种。它们的生命周期分为3个阶段：卵、若虫和成虫。

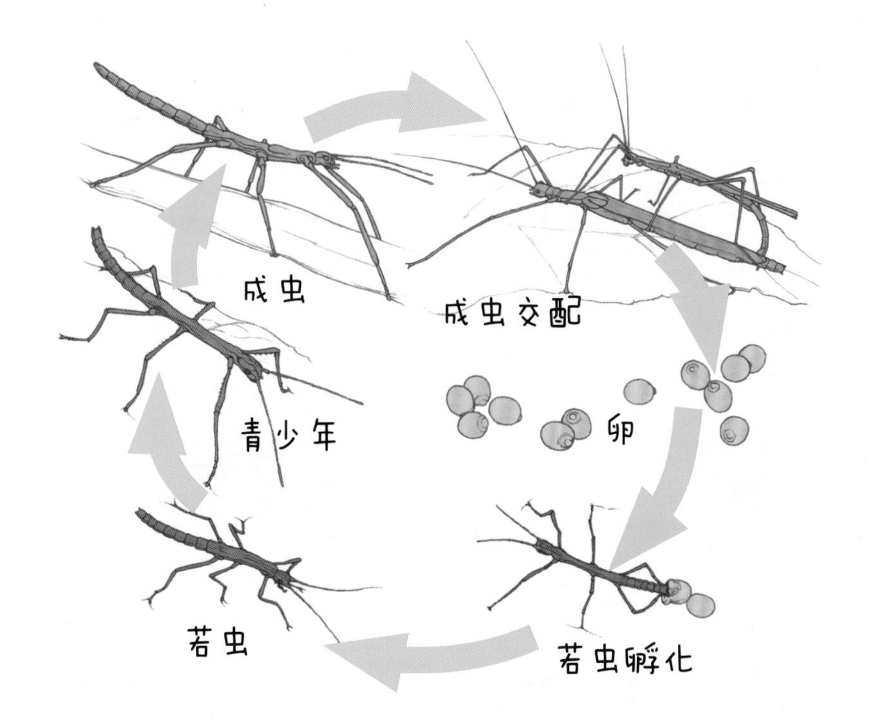

竹节虫卵的孵化需要2~14个月，但大多数饲养品种会在2~4个月孵化。幼虫非常娇嫩，看起来就像没有翅膀和褪色的成虫缩影。一旦孵化，若虫就可以寻找可食用植物并开始进食，生长相对较快。随着它们的生长，若虫在成年之前会蜕皮6~9次。根据品种的不同，蜕皮可能需要3~9个月的时间。

蜕皮的过程是迷人的。在旧的外骨骼下形成了新的外骨骼。做好蜕皮准备后，竹节虫将自己挂在树枝上，旧外骨骼的背面会裂开。竹节虫会把自己的身体和腿慢慢地从旧外骨骼里拉出来，直到自己完全抽身。新外骨骼很柔软，但在几个小时内，身体和腿就会迅速膨胀变硬。

许多种类的竹节虫无须交配即可繁殖。未交配的雌性竹节虫只会产下孵化为雌性的卵，但已交配的雌性竹节虫会产下雌性和雄性的卵（在某些品种中，雄性极为罕见或几乎不存在）。

竹节虫卵要么产在地上，要么埋在地下，要么粘在树皮或植物的树枝上。一旦被产下，卵就会被它们的母亲所遗弃。

雌性的成虫通常比同一品种的雄性成虫大，而且它们的寿命通常更长。

竹节虫卵

推荐饲养的竹节虫品种

世界各地已记录了超过6000种竹节虫，其中约300种可人工饲养，约50种可作为宠物饲养。其中一些相对容易养，并且对于刚刚接触竹节虫的人来说是很好的入门宠物。

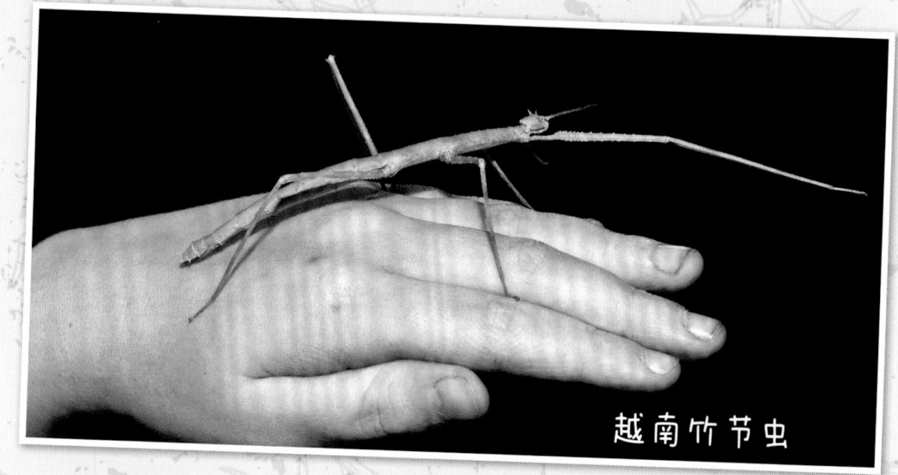
越南竹节虫

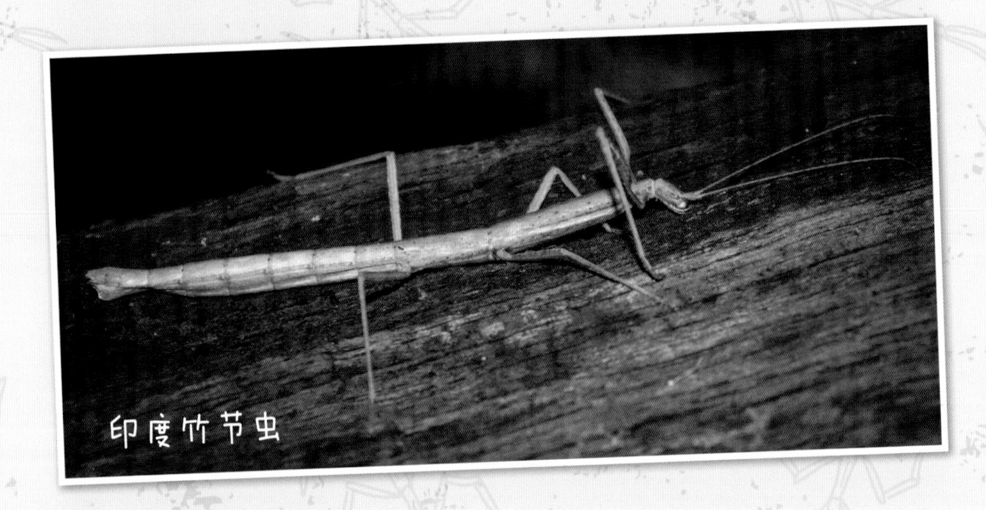
印度竹节虫

越南竹节虫呈棕色或绿色，长约14厘米，宽约9毫米。这个品种更喜欢温暖的条件（18~30℃），喜欢吃黑莓荆棘、山楂、橡树或玫瑰叶，请确保可以供应这些食物。

印度竹节虫是饲养难度最低的品种之一。这个品种来自印度南部炎热的泰米尔纳德邦。它对温度要求并不高（18~23℃为理想温度），并且繁殖起来很简单，因为雌性不需要交配来产卵。成年雌性为橄榄绿色或浅棕色圆柱形，长可达10厘米，宽可达6毫米。它们吃女贞或常春藤叶。

越南竹节虫

巨刺竹节虫

多刺竹节虫

巨刺竹节虫来自澳大利亚，在家中饲养具有观赏性，且饲养很简单，是最好的非棍形的饲养入门品种。成年雌性长15.5厘米，宽3.5厘米，非常健壮。它们有翅膀，沿着它们的身体有小刺和叶状突起。雄性较小（长12.5厘米），它们有大而透明的灰色和棕色斑驳的翅膀，非常擅长飞行。两性的颜色各不相同，但通常是橄榄绿、稻草黄或浅棕色。巨刺竹节虫的首选食物是桉树叶，但它也会吃黑莓、山楂、橡树、覆盆子和玫瑰的树叶。这个品种的适宜温度为18~28℃。

多刺竹节虫来自婆罗洲，是一种中等大小的竹节虫。成年雌性可达8厘米长，颜色呈斑驳的棕色并覆盖着刺。雄性可达5厘米长，更苗条，但背部有较大的刺。在两性中，多刺竹节虫都是斑驳的棕色。它们吃橡木、黑莓荆棘或玫瑰叶。雌性会将卵产在泥土中，因此需要在饲养箱里放一大块潮湿的土壤或沙子。适宜温度为20~28℃，并且需要较高的湿度。

丛林若虫来自马来半岛。该物种的雌性是世界上最重的昆虫之一（体重可达 65 克），长达 25 厘米，宽达 7.5 厘米。它们的身体呈生动的柠檬绿色，并有小刺。雄性可达 14 厘米长，3 厘米宽，呈斑驳的棕色，前翅两侧有浅绿色条纹。雄性也有梅红色的羽翼，擅长飞行，不像雌性的翅膀很小。丛林若虫应保持在 20～28℃的温度和高湿度下，并喂食黑莓、覆盆子或玫瑰。雌性会将卵产在泥土中，因此需要在饲养箱里放一大块潮湿的土壤或沙子。当受到惊吓时，该物种的两性都会抬起它们多刺的后腿，像钳子一样快速闭合，会吸血；如果足够小心，成虫仍然可以拿在手上。要让昆虫爬到你的手上，而不是用手去抓住它们，并确保所有手部动作缓慢而轻柔。该品种是所有竹节虫中寿命最长的品种之一，饲养时最多可以活 2 年。饲养这个品种前，请先学习饲养技术。

黑美人竹节虫来自秘鲁北部，是最漂亮的适合饲养的竹节虫之一。两性都矮胖，雌性可达 55 毫米长和 7 毫米宽，而雄性可达 43 毫米长和 5 毫米宽。雌性、雄性和若虫都呈灰黑色，眼睛呈亮黄色或白色，嘴部呈红色。成虫有小的黑色前翅，内衬着明亮的白色脉络。受到惊扰时，它们会闪现出小巧明亮的深红色翅膀以惊吓敌人。饲养此品种应保持在 18～28℃的温度下并喂食女贞和金银花树叶。

注意：这个品种可以从头部后面的腺体中喷出一种化学威慑剂，有一定刺激性，尤其是当这种液体接触到眼睛时。

巨型多刺竹节虫

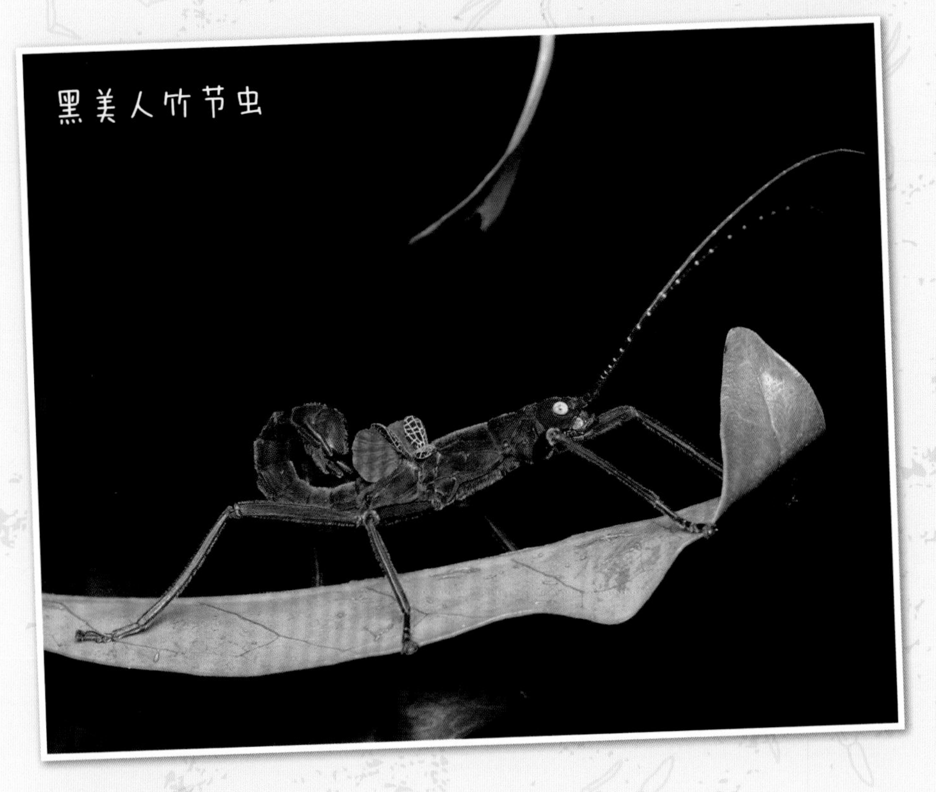
黑美人竹节虫

巨型多刺竹节虫来自新几内亚、新喀里多尼亚和所罗门群岛。该物种栖息在森林地面上，没有翅膀，但带有坚硬外壳并有很多小刺。雌性可达 15 厘米长和 3.5 厘米宽，而雄性可达 12 厘米长和 2.5 厘米宽。成虫呈深棕色至有光泽的黑色。雄性的后腿变大，每根股骨（大腿）的下方都有 1 个巨大的弯曲脊柱。当受到惊扰时，无论雌雄，都可能会抬起它们多刺的后腿，并像钳子一样将它们可以吸血的后腿反复咬合。成虫，尤其是雄性，应小心饲养，饲养该品种应保持在 18～28℃的温度下，并维持较高湿度。用橡木、黑莓荆棘、覆盆子、玫瑰、常春藤或番石榴叶来喂养。雌性会将卵产在泥土中，因此需要在饲养箱里放一些潮湿的土壤或沙子。

秘鲁食蕨竹节虫是所有已知竹节虫中色彩最丰富的一种，起源于秘鲁和厄瓜多尔。它们的若虫是黑色的，全身有白色条纹。成年雌性与若虫是相同的颜色，但成年雄性是鲜红色的，身体上有黑色条纹，腿是黑色的。雄性和雌性长 8 厘米、宽 5 毫米，腿很细。该品种需要生活在 22～28℃的较温暖和高湿度的环境中，只吃蕨叶、燕窝蕨的叶子、蕨菜。许多在售的蕨类植物都可喂养，但要小心不要提供任何可能含有杀虫剂的蕨类植物。

秘鲁食蕨竹节虫

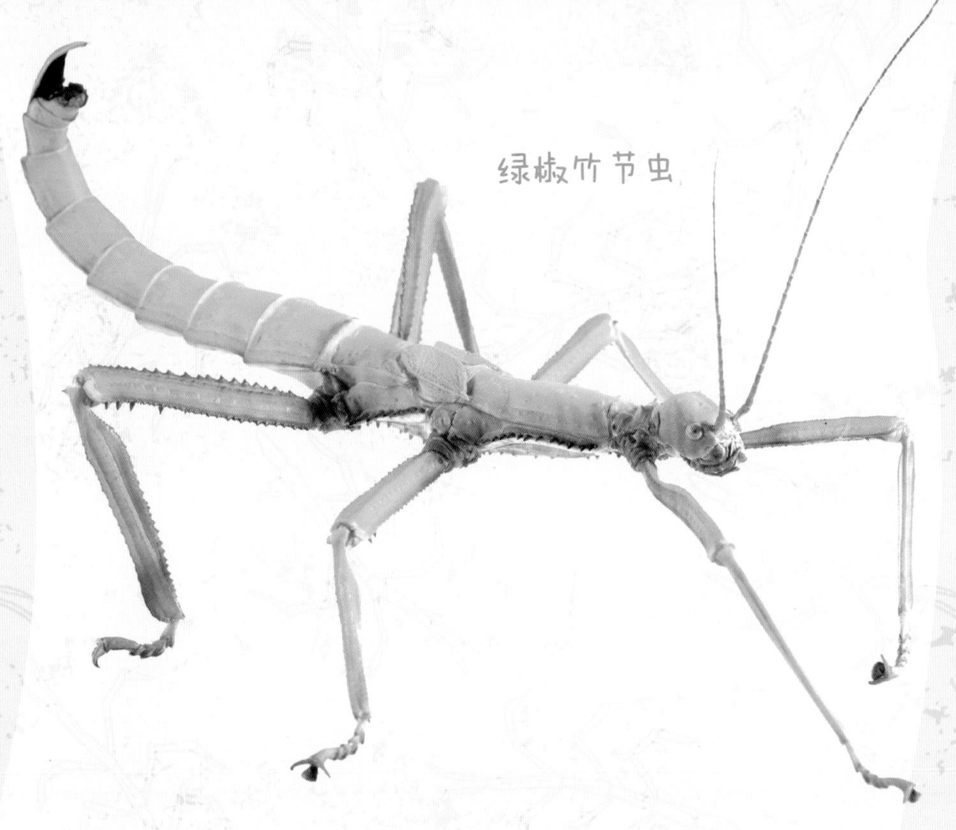
绿椒竹节虫

绿椒竹节虫起源于格林纳达和附近的几个加勒比岛屿。该品种的雌性长达 19 厘米、宽 2.5 厘米，呈鲜艳的绿色，眼睛是黄色的。雄性可达 11 厘米长，棕色，比雌性瘦得多，有棕色的大翅膀，能飞。绿椒竹节虫吃桉树、橡树和黑莓的荆棘叶。饲养这个品种至少需要有 60 厘米高的超大饲养箱（悬挂式蝴蝶网饲养箱效果很好），并把温度保持在 20～28℃。

一个与之非常相似的品种是**歌莉娅竹节虫**，它起源于澳大利亚，可长到 21 厘米。除了只吃桉树和橡树叶外，它的生长要求与绿椒竹节虫基本相同。

叶䗛具有与叶子非常相似的宽而薄的身体，其腿部具有扩展的凸缘。这两个品种通常都是绿色的，一般带有棕色斑点，非常像叶子。所有雄性成熟时都有翅膀并且可以飞翔。然而，虽然雌性也有翅膀，但它们身体沉重，无法飞翔。巨型叶䗛起源于马来半岛，长 15 厘米、宽 4.5 厘米。叶䗛分布于斯里兰卡和马达加斯加，横跨南亚至巴厘岛。这个物种的雌性可长到 10 厘米长和 3.5 厘米宽，叶䗛吃橡树和黑莓荆棘，适宜温度为 22 ~ 30 ℃（但最好是 25 ~ 30℃）；理想的湿度是 65% ~ 75%，最低不应低于 60%。叶䗛应该每天用无氯水轻轻喷洒（最好在晚上），但不能把它们淋湿，并且要保持饲养箱内的空气流动（密封罐通常效果不佳）。建议使用通风机每 15 分钟缓慢、温和地通风几分钟，以防止在饲养箱中形成霉菌，从而导致致命的感染。叶䗛比大多数竹节虫更难饲养，只有在你掌握了其他品种的饲养技巧后才能尝试饲养它们。

叶䗛

如何饲养竹节虫

许多种类的竹节虫可以饲养在玻璃或金属丝网饲养箱中。你需要以下设备：

- 饲养箱的理想尺寸为长、宽、高约30厘米，越大越好；
- 对于某些品种，在饲养箱底部或盘子中放一些底土有助于产卵；
- 把适合做食物的叶子放在盛水的容器中以提供食物和栖木；
- 喷雾瓶或喷雾器；
- 带有恒温器的加热垫，可为喜欢温暖条件的品种提供合适的温度。

合适的饲养箱

竹节虫可以在玻璃或塑料制成的饲养箱中饲养，也可以在可折叠的网状蝴蝶盒和玻璃容器中饲养。良好的垂直高度可以让食用的植物自然定位。所有合适的饲养箱都必须有网状顶部，或顶部和侧面有许多小孔以实现充足的通风。

与螳螂一样，饲养箱的大小很重要。它的长度、宽度和高度至少应是竹节虫的3倍。由于一些竹节虫可能很长，因此，正确处理这一点很重要，以便昆虫有足够的空间四处活动以及蜕皮。如果空间不足，竹节虫无法正常蜕皮，它可能会遇到困难并死亡。

一般来说，底部30平方厘米的饲养箱适合中型品种（成虫长5~13cm的品种），而底部60平方厘米的饲养箱则适合大型品种（14~20cm的品种）。

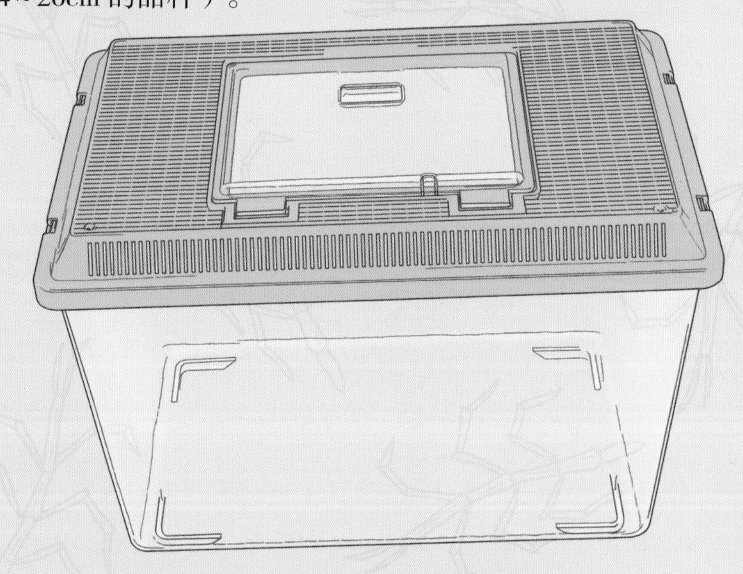

适合饲养竹节虫的饲养箱

饲养箱底部

对于许多竹节虫来说，没有必要在它们的饲养箱底部放置底土，因为它们不会将它们的卵埋在土中。对于那些肆意产卵的品种，最简单的方法是在饲养箱内放几张纸以方便清洁。每隔 1~2 周，你可以取出这张纸以去除所有的卵和粪便，然后换上一张新纸。

对于将卵产入土中的品种，饲养箱内要铺 5 厘米厚的底土，或者准备一个至少 5 厘米高度的深盘或土壤容器，容器中的材料可以由土、无泥炭堆肥或蛭石组成。使用沙子通常效果很好，可以很容易地找到通常是深色的卵。底土应该保持湿润但不潮湿，以防止卵完全变干。

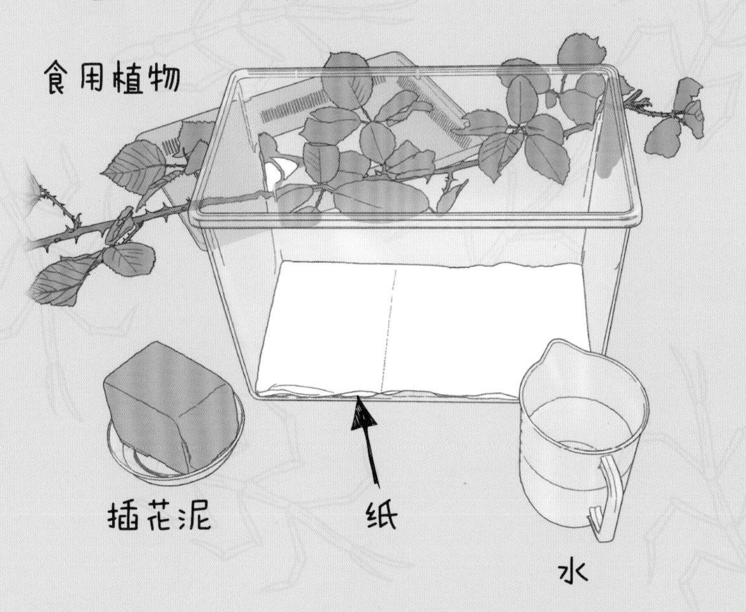

你可知道

竹节虫是植食性的，可以把它们安全地饲养在一起。但是，如果你曾经饲养过叶䗛，请不要将它们与其他竹节虫一起饲养。叶䗛伪装得非常好，以致竹节虫有时会因为误信它们是植物而咀嚼它们。

一些品种会将卵粘在食用植物的茎上或饲养箱的侧面。饲养这些品种时，不应强行取出卵。

清理

竹节虫不会产生太多废物，但定期清理对于预防疾病很重要。清理饲养箱时，请小心地将宠物转移到安全的容器中，取出饲养箱内的所有物品，然后用热水清洗内部。不要使用任何清洁剂，因为其中一些物质可能对昆虫有害。在将竹节虫放回饲养箱之前，请擦干饲养箱并更换箱内垫材。

水

你不需要在装有竹节虫的饲养箱内放一个水碗，只需每周在饲养箱内部轻轻喷洒几次水，竹节虫将从树叶、树枝和饲养箱壁上的液滴中吸食。任何多余的水都会蒸发。不要把虫子喷得太湿，尽管大多数品种会喜欢轻微的喷雾。

一个全套的竹节虫饲养箱

其他需求

选择在家庭温度下就可饲养的竹节虫会简单很多。许多品种白天需要20~28℃的温度。如果你住在天气凉爽的地方，可以通过恒温控制的加热垫提供温暖。如果你使用加热器，请确保土壤永远不会完全变干。

竹节虫吃什么

有些竹节虫会吃特定种类植物的叶子。如果提供不正确的植物叶子，昆虫会饿死。将正确植物的小树枝放在竹节虫或叶䗛饲养箱中，并放入装满水的容器、窄颈瓶中，这样叶子可以保持几天新鲜。用箔纸或防水纸盖住水容器的开口（并用松紧带固定盖子），也可用薄纸或浸泡过的花卉泡沫塞住以防止昆虫掉进去淹死。当食物叶子开始变色或枯萎时，请更换它们。

在可能的情况下，选择远离交通繁忙的路边或其他污染源的植物的新鲜茎叶。不要用杀虫剂处理过的植物来喂养昆虫，因为这会致命。一些竹节虫和叶䗛饲养者将食用植物种植在小盆里，放到花园或温室中，以让叶子再生长。

大多数竹节虫和叶䗛可以用许多不同植物物种的叶子喂食。在可能的情况下，建议提供多种合适的植物，为你的宠物昆虫提供多样化的饮食。

用于盛放食用植物的容器

停止进食的竹节虫可能即将蜕皮。重要的是不要打扰它，以免对其造成伤害。只需确保湿度略高于正常水平，在它完成蜕皮时，将其放置几个小时——它的新外骨骼会很柔软，此时很容易受损。

如何抓取竹节虫

竹节虫和叶蝽很容易拿起，但许多种类很脆弱，需要轻轻抓握。不要抓住或强行拉动竹节虫或叶蝽，尤其是腿，它们可能会脱落，要用拇指和食指轻轻抓住宠物的身体将其拿起。更好的方法是，让它爬到你的手上，必要时从后面轻轻推它。幼小动物可能会受到惊吓，可能会意外跌落导致受伤，因此，最好避免将竹节虫放在它们可能从高处坠落的位置。

秘鲁食蕨竹节虫交配

竹节虫的繁殖

对于那些不需要交配繁殖的竹节虫，雌性竹节虫在成年后会自动开始产卵。

对于可以有性繁殖的品种，建议在可能的情况下进行交配产卵，因为这将使虫卵孵化速度更快，产生更健康的幼虫。许多品种必须交配才能产下受精卵。繁殖竹节虫和叶䗛非常简单，只需将同一物种的成年雄性虫和雌性虫放在一个饲养箱里，它们就能自行繁殖了。许多品种会长时间保持交配状态，所以最好不要在交配时将它们分开，因为这可能会对它造成伤害。

产卵

产出的卵会掉落到饲养箱底部或土壤中。可以在饲养箱底部铺上纸，方便清楚地分辨所有的粪便和卵。一些竹节虫会将它们的卵粘在物品的表面（例如，养殖箱箱壁的侧面）上，我们不要挪动它们，就让它们待在那里。与粪便和底土分开的卵应该放在容器里，并放在湿润而不是潮湿的薄纸或细布上。要确保卵和纸上没有霉菌，因为霉菌会使卵死去。不要让卵完全干掉，这会导致其死亡。要把卵保持在 25～28℃。根据品种的不同，卵将在几个月内孵化。

新孵化的若虫

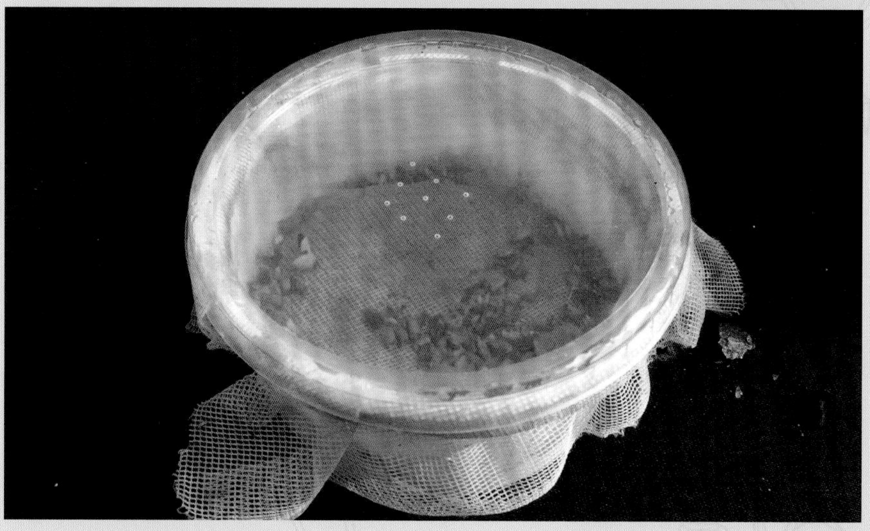

新孵化的若虫（左）往往在夜间出现并聚集在饲养箱的天花板上。新孵化的若虫非常脆弱，最好不要触动，必要时可使用毛笔的尖端来挪动。

蝴蝶和飞蛾

蝴蝶和飞蛾都属于鳞翅目，是很常见的昆虫，但你知道如何人工饲养它们吗？它们是非常古老的昆虫——飞蛾出现在1.9亿年之前，现在全世界约有16万种，而蝴蝶大约在5500万年前从飞蛾进化而来，现今约有18500种。

蝴蝶和飞蛾长什么样

蝴蝶和飞蛾的身体结构是：头部、胸部（中部）和腹部（后部），有 3 对腿和 2 对翅膀附着在胸部。成虫有一个长长的像稻草一样的长鼻，用来吸食花中的花蜜——通常在不使用时盘绕起来（见第 56 页）。它们的幼虫（毛毛虫）没有长鼻，但有下颚，它们用来咀嚼树叶。

蝴蝶和飞蛾之间的主要区别并不明显，大多数人认为蝴蝶在白天活跃而飞蛾只在晚上活动。然而，许多蛾类也在白天活动，并且颜色非常鲜艳，就像蝴蝶一样。一般来说，蝴蝶有线状的触角，顶端有尖棒，休息时两翼合拢。而飞蛾有羽毛状或无棒状的触角，休息时把翅膀平展着。但总有例外，所以你需要咨询专家才能完全确定。

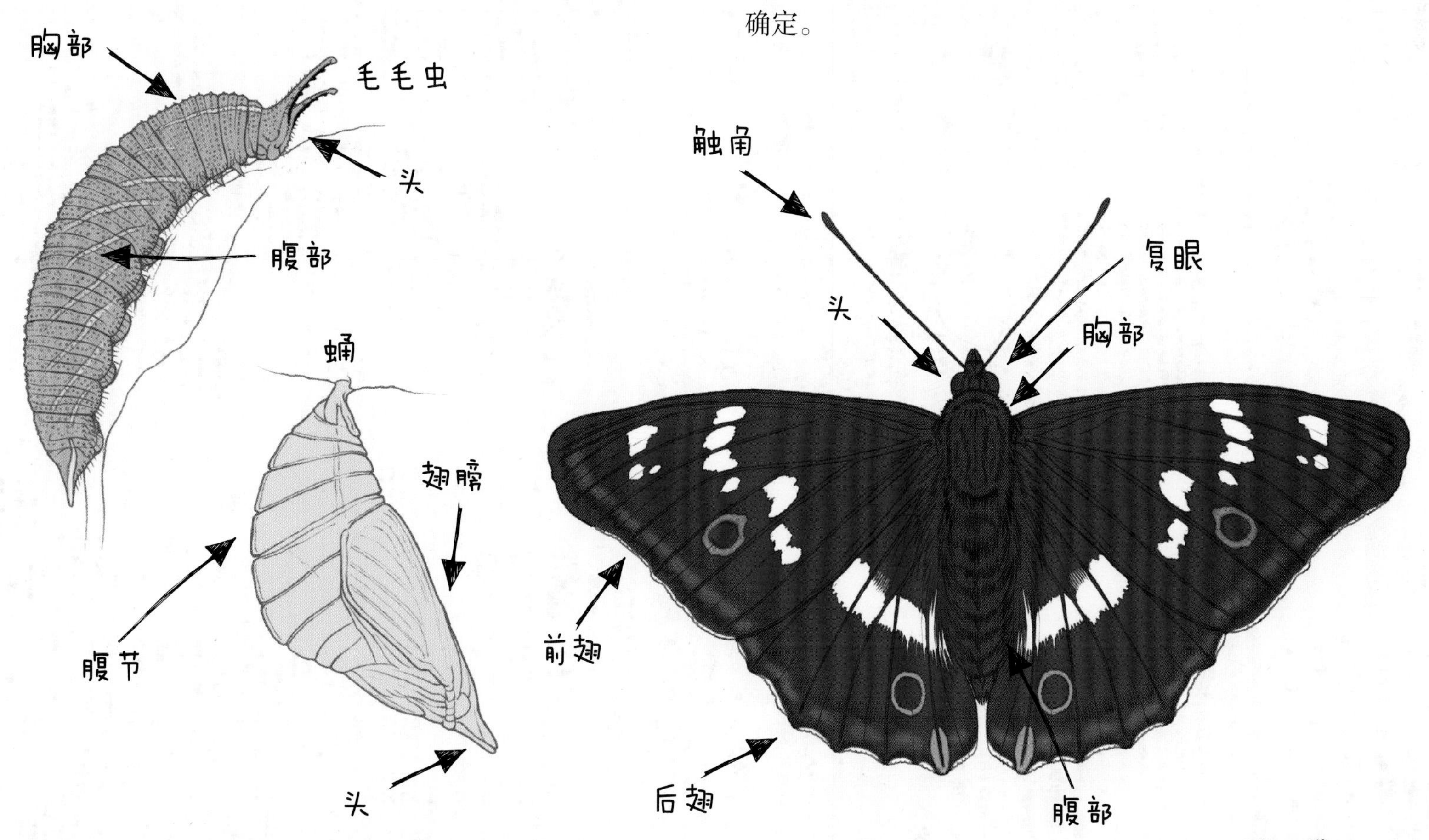

武器

在蝴蝶和飞蛾还是毛毛虫的时候，具有刺激性的毛发和毒刺警告人们不要触摸毛毛虫，会引起皮疹，或者更严重的后果。

黏稠的液体

在中美洲发现的飞蛾的毛毛虫涂着一层透明的、黏糊糊的胶状物。这种胶状物虽没有毒，但捕食者可能会被困在这种胶状物中。所以黏液是用来避免后来成为飞蛾的毛毛虫成为捕食者食物的一种武器。

蝴蝶和飞蛾吃什么

作为有翅成虫，有些品种根本不需要吃东西。而其他一些存活时间较长或迁徙距离较长的品种，如帝王蝴蝶，通常用它们的长鼻从花中摄取花蜜。

防御行为

毛毛虫可有多种方法来保护自己。有些是展示出明亮的警戒色，表明它们有毒（这可能是虚张声势），而另一些则有较大的眼形斑纹，使它们看起来像更大的动物，或者模仿蛇的头部。很多品种都有高超的伪装技巧，模仿树枝或新鲜而潮湿的鸟粪，阻挡了大部分的猎食者。热带拟叶蝶与叶子极为相似，甚至很像叶脉。

有致命的毛毛虫吗

有的！那就是南美巨型蚕蛾的毛毛虫。它造成了大约 500 人的死亡，其中多数是参与清理植被的男子，但是他们只是偶然接触了毛毛虫。毛毛虫毛发中的毒素会导致人内出血，如果得不到及时治疗可能会导致死亡。幸运的是，大多数毛毛虫的危险性要小得多。如果不能确定你所见到的毛毛虫是否有毒，请只欣赏，不要触摸！

哪里能找到蝴蝶和飞蛾

蝴蝶和飞蛾遍布世界各地，几乎在所有类型的栖息地中都可发现，南极洲除外。正如人们所料，它们在热带地区数量最多，且种类繁多。在北极地区发现的品种很少，图中的格陵兰草原毛虫可以生活在加拿大北部和格陵兰岛，冬眠在 -70℃的冬天。太冷了！但它有着厚厚的长毛和含有天然防冻剂的血液，是世界上最顽强的昆虫之一。

一些蝴蝶和飞蛾也出现在极端沙漠环境和高海拔地区。

由于许多蝴蝶和飞蛾的毛毛虫只吃某些类型的植物（在某些情况下，只吃一种植物），所以它们只能在这些植物生长的地方被找到。部分蝴蝶和飞蛾可以吃各种各样的植物，其中一些甚至可以达到造成灾难的程度，因为数百万饥饿的毛毛虫可以吞噬人类的庄稼或草原。

有鳞的翅膀

人们在蝴蝶和飞蛾的翅膀上发现的令人惊叹的颜色和图案是由数百万彩色或光线弯曲的微小鳞片组成的。这些鳞片不仅看起来很漂亮，其图案和颜色还可用于模仿、伪装和警告。这些微型马赛克构成了它们非常精致的翅膀，但鳞片很容易脱落，当然这可以帮助它们摆脱蜘蛛网。

蝴蝶和飞蛾的生命周期

蝴蝶和飞蛾的生命周期都要经历4个阶段：卵、毛毛虫（幼虫）、蛹和成虫。卵产在寄生植物上，待毛毛虫孵化出来。它们以植物为食，通常生长迅速，不断增大，直到它们准备好进行蜕变。这是毛毛虫蜕变成蝴蝶的惊人过程。

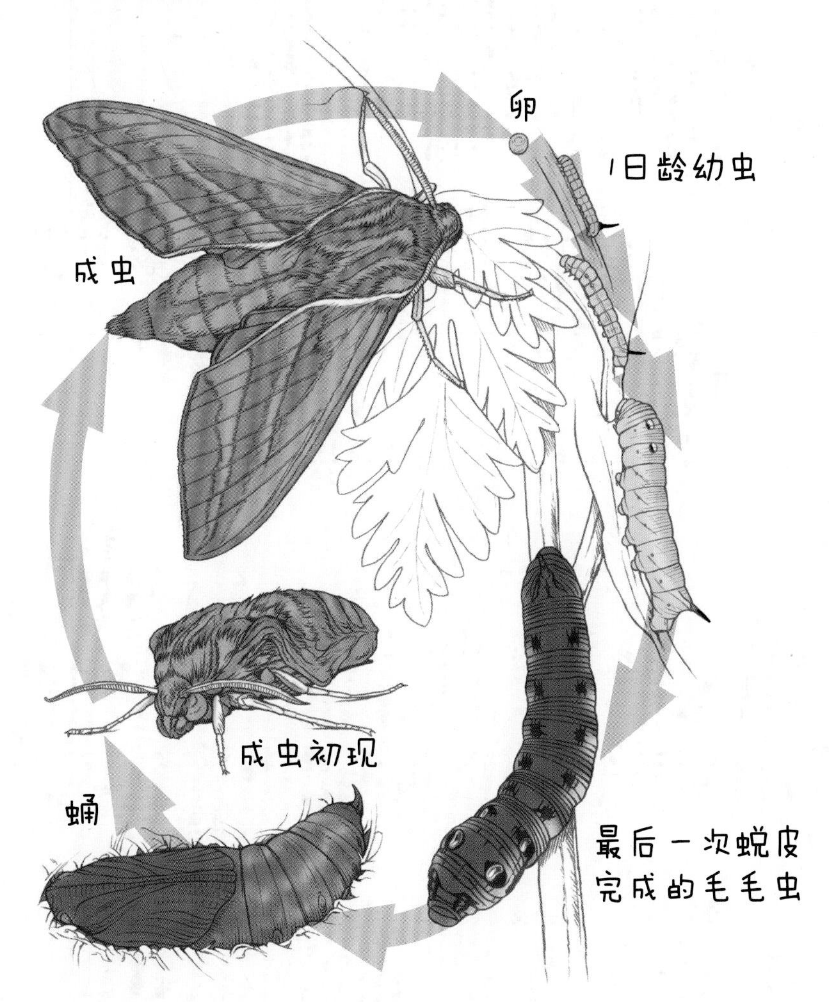

毛毛虫在蛹内变成蝴蝶或飞蛾。蛹是毛毛虫最后一次蜕皮时露出的一层硬皮。一旦暴露，它就会开始变干、变硬并形成坚硬的保护性胶囊。一些蛾类在发育成蛹之前会在自己周围编织一个柔软的茧。在蛹内，毛毛虫变为成虫（蝴蝶或飞蛾）。

一旦毛毛虫蜕变为蝴蝶或飞蛾，它们存活的时间通常只有数周或数月，当务之急是寻找配偶。雄性一般通过气味来定位雌性。因为雌性会制造“香水”来暴露它们的位置。一旦雄性和雌性相遇，它们就会在求偶飞行中相互嬉戏，最终达成尾对尾交配（见第77页）。卵产在适合它们食用的植物的叶子或茎上，通常有一层蜡质表面，可以防止它们变干。

卵会在几周或几个月内孵化，从吃自己的卵壳开始，幼虫几乎一出来就可以立即进食。大多数毛毛虫吃寄主植物的叶子，少数种类吃水果，甚至更少（不到1%的种类）是肉食性的，以伏击其他昆虫或偷蚂蚁卵作为食物。

推荐饲养的蝴蝶和飞蛾品种

全世界虽然有超过 178500 种蝴蝶和飞蛾，但其中只有 10% 是蝴蝶。飞蛾在数量上占绝对统治地位，但经常被忽视，我们更愿意注意白天翩翩飞舞的蝴蝶。

孔雀蛱蝶是一种很有吸引力的品种，它的翅膀是玫瑰色的，并带有黄色内衬的亮蓝色眼纹。这个品种的毛毛虫吃刺荨麻。荨麻在欧洲和北美广泛生长。成年蝴蝶在野外喝花蜜，因此需要饲养者提供糖水和切开的软质水果。

只有小部分已知的蝴蝶和飞蛾品种可以被饲养。这些品种通常都比较容易养，而且特别漂亮。 以下几页展示了许多令人印象深刻，且适合人工饲养的蝴蝶和飞蛾品种。

紫斑小灰蝶分布于欧洲大部分地区（包括不列颠群岛）、北非和中东部分地区。这个品种的雄性蝶的翅膀上侧有 1 条紫色斑块，而雌性在前翅上有 2 条紫色斑块。这种蝴蝶的毛毛虫吃橡树（苦栎、冬青栎、岩生栎和夏栎）的叶子。幼虫在落叶中化蛹，成虫需要吸食糖水和花蜜。

燕尾蝶是一种美丽的蝴蝶，它的翅膀颜色鲜艳，通常有引人注目的黑色、浅黄色、金色和蓝色图案。每个品种都有自己的食物要求。许多燕尾蝶吃柑橘类植物的叶子、胡萝卜、欧芹、莳萝、茴香、野胡萝卜和芸香。燕尾蝶毛毛虫生长迅速，可在 4 周内成蛹，并在 1~2 周内化蛹成蝶。大多数燕尾蝶的成虫需要糖水和切开的软质水果。

帝王蝴蝶毛毛虫的身体有明显的黄色、白色和黑色条纹，并吃乳草植物的叶子。帝王蝴蝶毛毛虫只需要10~14天就可以在蛹中变成蝴蝶。成虫的翅膀上有独特的黑色、橙色和白色图案。它们吸食花蜜，应该提供糖水和切开的软质水果。

大红蛱蝶有黑色的翅膀，带有独特的橙色和白色斑点带。大红蛱蝶毛毛虫吃荨麻的叶子，也吃啤酒花、小荨麻和墙草。大红蛱蝶吃从腐烂的水果和树上渗出的汁液，甚至从野生动物的腐肉中吸取水分。饲养时，可投喂它们喜欢的发酵香蕉。

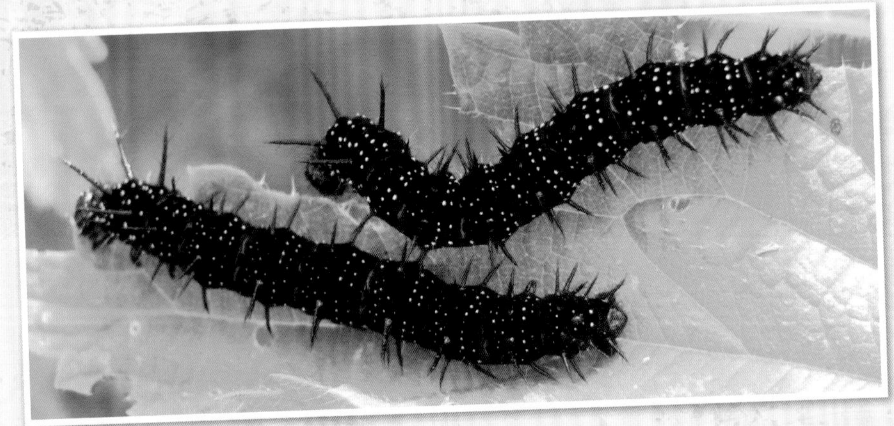

红带袖蝶来自中美洲和南美洲。该物种有长而鲜艳的前翅，但它们的颜色变化很大。每个种群都有不同的黑色、黄色、白色和橙色斑纹，警告捕食者它们有毒。红带袖蝶毛毛虫吃西番莲叶，蝴蝶喝花蜜，所以需要糖水和切开的软质水果。成年红带袖蝶也吃花粉，这会延长它们的寿命（3 个月或更长时间）。将开放的花朵（例如，芙蓉或马缨丹）放在饲养箱里，可以观察蝴蝶用卷曲的长鼻来收集花粉。

鹤顶粉蝶是一种美丽的蝴蝶。它的翅膀的上表面是白色的，在尖端有橙色和黑色的大斑纹。鹤顶粉蝶如果受到干扰，它会抬起头，并且可以将身体的前部膨胀成类似于攻击姿势的蛇。它吃大蒜、芥末和布谷鸟剪秋罗的叶子。有趣的是，已有证据表明鹤顶粉蝶的毛毛虫会同类相残。应该避免成对养殖或群养。蝴蝶喝花蜜，需要糖水和切开的软质水果。

蓝默蝶是世界上最美丽的蝴蝶之一，它的翅膀呈蓝色，翼展可达 20 厘米。这种美洲品种的毛毛虫吃三叶草、紫藤、天鹅绒豆和花生植物的叶子。成虫更喜欢发酵水果（尤其是杧果、猕猴桃和荔枝），但它们也喝花蜜（需要提供糖水和大型开放的花朵，如芙蓉）。

猫头鹰蝶

猫头鹰蝶是一个大型（翼展可达 20 厘米）且有趣的物种。它的翅膀下面有复杂的棕色、白色和黑色斑纹，有两个类似猫头鹰眼睛的醒目眼纹。猫头鹰蝶这两个“眼睛”会令其他动物产生假头的错觉，在飞舞时惊吓敌人。毛毛虫吃某些种类的蝎尾蕉、香蕉和甘蔗植物的叶子。成虫以腐烂的水果（尤其是搁置时间较长的香蕉）为食。

红斑美凤蝶起源于菲律宾。它是一种巨大而引人注目的蝴蝶，具有黑色的翅膀，在靠近翅膀基部和翅膀底部的地方有明亮的红粉色斑块。毛毛虫吃柑橘类植物的叶子，成虫吸食花蜜。饲养红斑美凤蝶应提供糖水、切开的软质水果（尤其是橙子）和大而开放的花朵（如芙蓉）。

红鸟翼凤蝶是鸟翼蝶属。鸟翼蝶是世界上最大的蝴蝶。红鸟翼凤蝶除部分后翅外，大部分翅为黑色，并有亮黄色和黑色花纹。该品种的毛毛虫吃许多马兜铃和部分线果兜铃的叶子。成虫吸食花蜜。饲养红鸟翼凤蝶应提供糖水、切开的软质水果（尤其是橙子）和大而开放的花朵（如芙蓉）。

黑带二尾舟蛾是一种极好饲养的品种。黑带二尾舟蛾毛毛虫吃柳树叶和白杨树叶，生长迅速。脖子上有一圈红色的显示警戒色，分叉的尾巴上露出红色的连枷。它们也可能向攻击者喷射甲酸。成年蛾是白色的，带有精致的灰色和棕色图案。成虫不进食，寿命短。这是一个非常适合初学者饲养的品种。

北美长尾水青蛾也被称为月蛾，有优雅的柠檬绿色翅膀，有小眼纹，翼展可达 12 厘米。其淡绿色的毛毛虫吃核桃、山核桃、柿子和甜胶树的叶子。成虫不进食，只能活 1 周左右。这是一种易于饲养，且令人印象深刻的品种，建议初学者饲养。

黑带红天蛾易于饲养，非常适合初学者。它的毛毛虫主要以女贞为食，但也以白蜡树、金银花和丁香叶为食。黑带红天蛾的毛毛虫在其柠檬绿色的身体上有美丽的紫色和白色斜条纹。成虫的翅膀和身体上有不同的棕色、白色、黑色和粉红色图案。成虫吸食糖水，喜欢开放的鲜花（特别是金银花）。

皇蛾也称帝王蛾，翼展可达 6 厘米，棕色、白色和黑色图案的翅膀上有突出的眼纹。毛毛虫身上有黑色和橙色斑点条纹，吃绣线菊、石南花、山楂、荆棘和桦树的叶子。成年后，帝王蛾不进食，只能活 2~3 周。

花园虎蛾有漂亮的棕色和白色前翅图案以及橙色、黑色和蓝色的后翅和身体。幼虫吃牛蒡叶、蒲公英、死荨麻、荨麻、褪色柳和卷心菜。成年花园虎蛾从花中喝花蜜，应给予糖水和开放的鲜花（特别是金银花），以便它们吸食。该品种可以在卷曲的落叶中冬眠。

象鹰蛾的毛毛虫大而丰满，有棕色、奶油色和黑色的“象皮”纹路，头部有明显的卵斑。据说毛毛虫长得像大象的鼻子。但是当受到干扰时，它们会起来并显示出它们的眼纹，更像一条蛇。毛毛虫吃玫瑰湾柳草、六叶葎和倒挂金钟。成年象鹰蛾从花中喝花蜜，应该给它们准备糖水和开放的鲜花（特别是金银花），它们会从中吸取。

蓖麻蚕蛾来自亚洲，是一种易于繁殖且令人印象深刻的物种，翼展可达 15 厘米。它的大翅膀有棕色、白色、粉红色和黄色的不同图案。黄色和黑色的毛毛虫长得非常快（1 个月内可达 7 厘米）。它们吃女贞、蓖麻子、杜鹃花、李子、苹果、樱桃树和玫瑰的叶子。成虫没有嘴，约 10 天后死亡。近距离观察这些美丽的飞蛾令人着迷。如果你想握住它，千万不要抓住它的翅膀，而是轻轻地让它爬到你的手上，这样就可以观看了。

桑蚕蛾这个物种的毛毛虫和飞蛾都很惊艳，其蚕茧更是非常有趣，可以很容易用它们纺出丝绸。最近开发了一种人造食物替代品，使饲养该物种变得非常简单。它有几个不同的品种，其中许多会产生不同颜色的茧（白色、黄色甚至粉红色）。卵必须冷藏。对于这个物种，叶子可以平放，而不是直立放置在水容器中。桑蚕通常不会从新鲜的食用植物叶子上离开，所以很容易在常规饲养箱中饲养。

牛眼蛾也被称为玉米尺蚕蛾。有趣的是该物种的两种性别具有不同的颜色：成年雄性牛眼蛾有亮黄色的翅膀，而雌性的翅膀是红棕色的。两性的后翅上都有明显的黑色眼纹，前翅上有较小的黑眼点。不应触摸该物种的毛毛虫，因为它们有刺。幼虫吃苹果、荆棘、樱桃、榛子、山楂、酸橙、橡树和柳树的叶子。牛眼蛾从花中喝花蜜，应该准备糖水和开放的鲜花（特别是金银花），它们会从中吸食。

巨型蚕蛾是北美最大的本土飞蛾。最长翼展达 18 厘米。毛毛虫吃枫树的叶子，也吃樱桃和桦树的叶子。成虫的翅膀上有漂亮的棕、灰、黑、白图案。该物种的成年飞蛾不进食，只能存活 2 周左右。

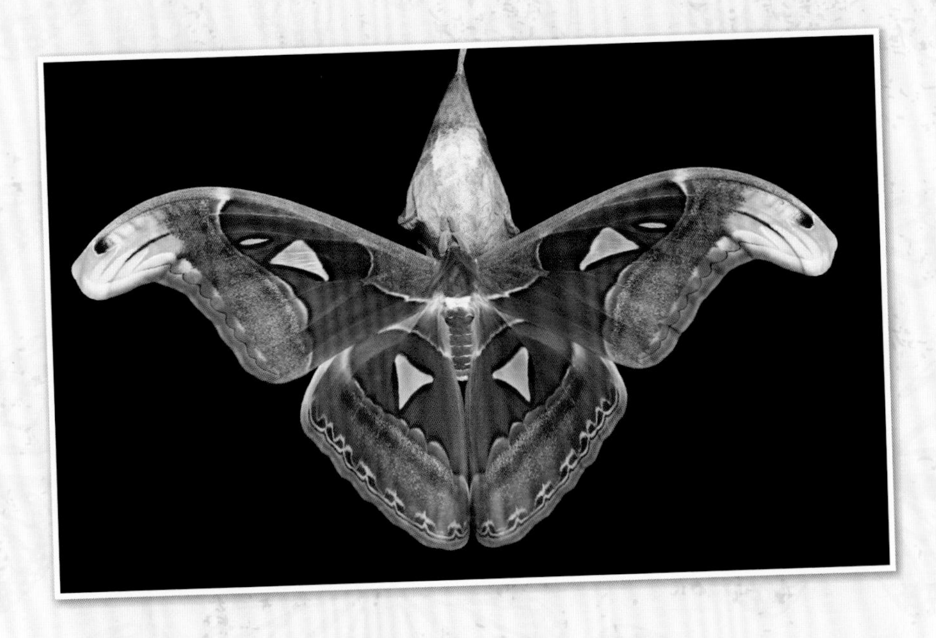

巨型阿特拉斯蛾是世界上最大、最壮观的蛾类之一。其毛毛虫吃女贞，还有苹果、白蜡树、樱桃、李子和柳树。幼虫需要保持温暖（温度为 25～30℃），保持湿度高，最好放在缸里或塑料容器中，而不是网箱中。成虫需要非常大的饲养箱，因为它们的翼展可达 30 厘米（尽管该物种在亚洲部分地区的品种要小一些，但基本一致）。该物种的成年飞蛾不进食，只能存活一两周。

马达加斯加月亮蛾也被称为彗星蛾，可与巨型阿特拉斯蛾媲美，是世界上最令人印象深刻的蛾类。其毛毛虫吃枫香树（甜树胶）的叶子，以及苹果桉和漆树。巨大的茧（长达 12 厘米）由银丝精细编织而成。成年蛾有壮观的黄色翅膀，带有眼纹（翼展可达20厘米）。雄性和雌性都有尾带，但雄性的尾带最为壮观，最长可达10厘米。该物种的成虫不进食，只能存活1周。

如何饲养蝴蝶和飞蛾

许多种类的蝴蝶和飞蛾都很容易饲养，但选择哪个品种取决于你居住的地方和气候。你在当地的相关经营者处能够得到建议。你需要哪个品种的蝴蝶或飞蛾的卵、毛毛虫或蛹，取决于你希望在它们生命周期中的哪个阶段开始饲养。你还需要找到它们的食物来源。

建议准备以下设备：

- 细网或网状的饲养箱。对于需要更高湿度的物种，高大的玻璃或塑料容器更合适，但得保证通风良好。如果你有一个温暖的温室，整个空间都可以用作其栖息地。

- 在盛水容器或湿润的园艺泡沫块中放上食用植物的叶茎。

- 喷雾瓶或喷雾器。

- 红外线热源（如果温度太低）。

合适的饲养箱

卵和毛毛虫可以放在长、宽和高约 20 厘米的相对较小的容器中，但较大的毛毛虫和有翅的成虫需要更大的空间。需要注意的是，许多毛毛虫不会吃落叶，所以必须有足够的空间让食用植物的茎直立起来。

饲养箱的底土

除非需要高湿度的环境，否则可以使用纸来铺饲养箱的底部，以便轻松处理粪便。对于热带物种，底部铺几厘米厚的潮湿土壤将有助于箱内保持较高的湿度水平。

适合蝴蝶的网罩

其他需求

通常不需要用碗提供水，因为毛毛虫通常从它们的饮食中获取所需的水分。但是，有时可以使用喷雾瓶少量喷水，以确保湿度足够高。

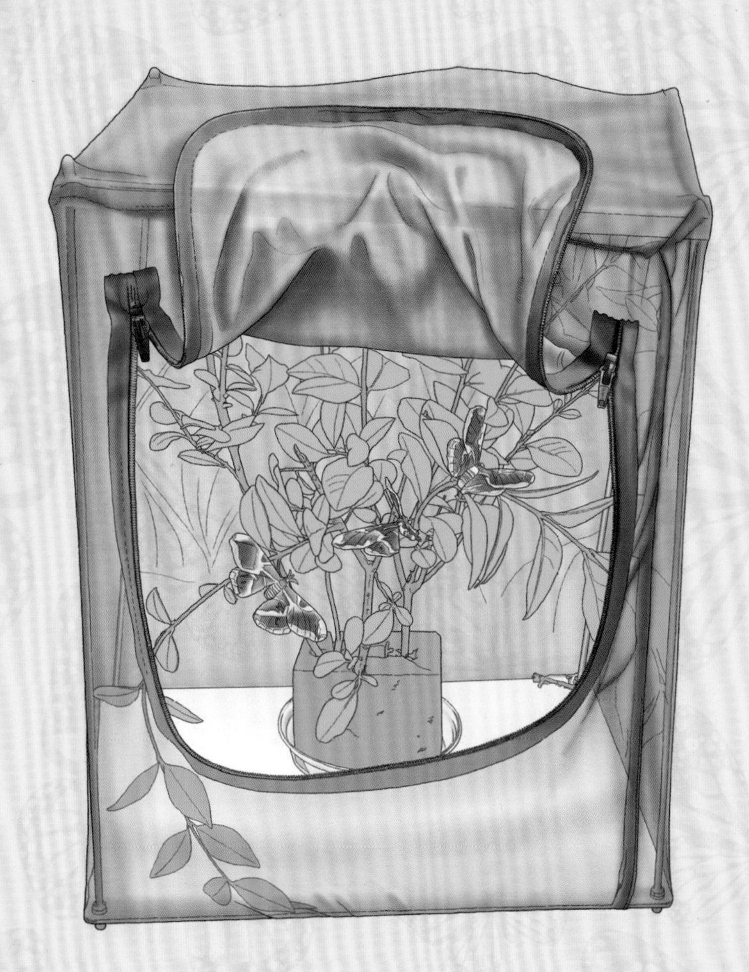

一个完全设置好的蝴蝶和飞蛾网罩

喂养幼虫

蝴蝶和飞蛾的毛毛虫吃特定类型植物的叶子。如果提供不正确的食用植物，毛毛虫会饿死。如果你无法提供正确的食物，请不要饲养。

食用植物应始终新鲜，应去除枯叶。如果你将食用植物的茎放在瓶子或罐子里，要确保罐子的颈部用棉絮、纸巾、箔纸或保鲜膜堵住，以防止毛毛虫掉入水中淹死。另一种方法是使用花店用的泡沫。应始终保持有食物存在，因为毛毛虫很贪吃，必须能随时进食和饮水。有些物种即使在短时间内没有食物，也会很快死亡。化蛹后，成年蝴蝶和飞蛾有完全不同的饮食要求。

你可知道

蝴蝶能够尝到味道，但不是用它们像舌头一样的长鼻，而是用脚来品尝。只要站在食物上，蝴蝶就能使用类似于味蕾的传感器来决是否值得食用。

喂养长成的蝴蝶和飞蛾

一些蝴蝶和飞蛾在蜕变后没有功能性的嘴部，无法进食。这些物种成年后的寿命通常很短，几周后自然死亡。其他一些蝴蝶和蛾类从蛹蜕变成成虫，嘴部完全成形，必须进食才能生存（有的可以活数月），并繁殖下一代。

此类成年蝴蝶和飞蛾的常见食物是切碎的富含糖分的柔软水果（如橙子、香蕉或油桃）或人造花蜜“糖水”（1 茶匙糖或蜂蜜与 10 茶匙水）。将糖水放在一个小而浅的盘子里，一端放一小沓厨房纸浸泡在糖水中，形成蝴蝶饮水站。

如何抓取毛毛虫

虽然许多毛毛虫是无害的，但部分毛毛虫的毛发和刺会引起瘙痒甚至疼痛的反应，切勿直接用手接触这些毛毛虫。毛和刺是为了阻止鸟类和其他掠食者（否则会成为掠食者的一顿美餐）。大多数毛毛虫的身体非常脆弱、柔软，从高处掉下来会受到严重伤害甚至死亡。如果你确实需要抓毛毛虫，请务必小心，不要用手指捏住活捉它，而是让它轻轻地爬上手指或叶子上。

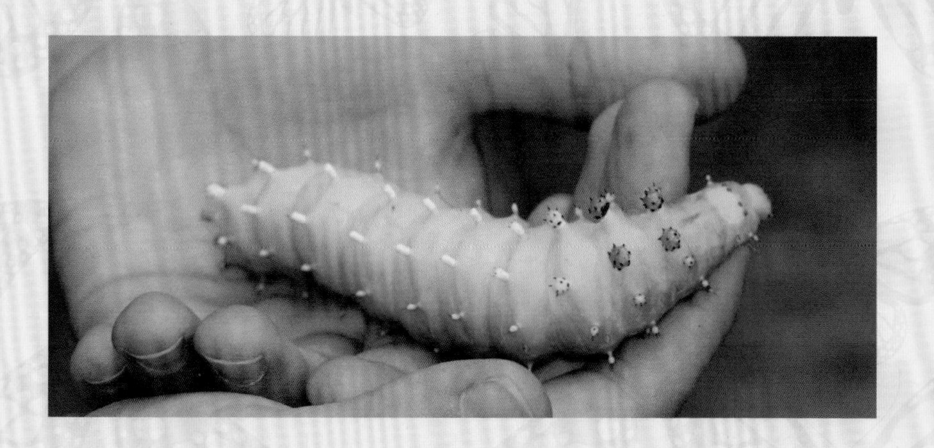

如何抓取蝴蝶或飞蛾

一般不应抓蝴蝶和飞蛾，因为它们很脆弱，受损的四肢不会重新生长。触摸翅膀会导致数以百万计的微小鳞片脱落。（鳞片可能会像灰尘一样覆盖你的手指）如果有必要拿起成年蝴蝶和飞蛾，最好使用专为这些动物制作的非常细的网。如果它逃到房间里，在试图抓住它之前，应等它落下来，否则很容易导致其受伤。

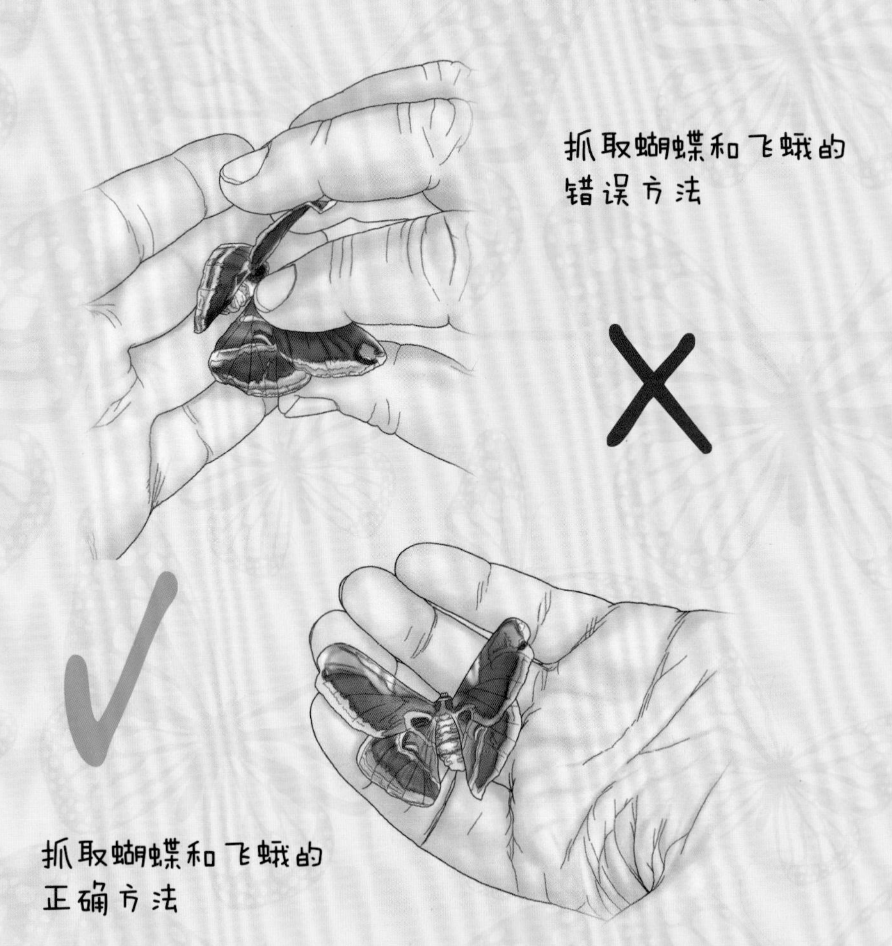

乌翼蝶蛹

如何照料蛹

毛毛虫在准备化蛹之前通常会蜕皮 4~6 次。准备好后，毛毛虫通常会变得焦躁不安，在大量进食后会在饲养箱里爬来爬去。一旦选择了合适的地点，无论是在食物上，还是在饲养箱的顶部或底部，它们都会开始制造蛹或茧。有些物种会通过在树叶和碎片之间纺丝来结茧、化蛹；而另一些物种则没有这种额外的保护，它们的蛹挂在树叶或树枝下面。在一些品种中，幼虫会深入土中，并建造一个地下室来化蛹。

蛹通常不需要移动，只需要保持在适合该物种的稳定条件下。对于某些物种，如果条件干燥，可能需要适当喷雾。需要与供应商讨论具体品种的蝴蝶和飞蛾的化蛹需求。

天蛾蛹

黑带二尾舟蛾茧

蝴蝶或飞蛾的繁殖

如果你有成年的雄性和雌性蝴蝶，通常将它们放在一起可以保证成功交配。卵产在毛毛虫的食用植物上。有些物种需要足够的空间来进行求偶飞行，而其他物种则根本不需要空间。常见的品种通常最容易繁殖。

交配的蝴蝶

成虫一旦产卵，就会死亡。如果它们状况良好，可以将它们制成标本，精美地安置在展示柜中。很多人有收集标本的爱好，事实上，许多人购买死去的成虫来制作标本。卵一旦被产下，就应该准备好合适的新鲜食物，为饥饿的毛毛虫幼虫的出现做好准备。

切勿释放人工繁殖的蝴蝶和飞蛾，即使它们原产于你居住的地区。饲养的品种可能与当地出现的品种不同，这可能会影响你所在地区的野生种群。尤其重要的是不要将非本地物种释放到野外，因为这些个体不太可能存活很长时间，并且可能危害到本地野生动物。

帝王蝶蝶卵

毛毛虫正在发育中

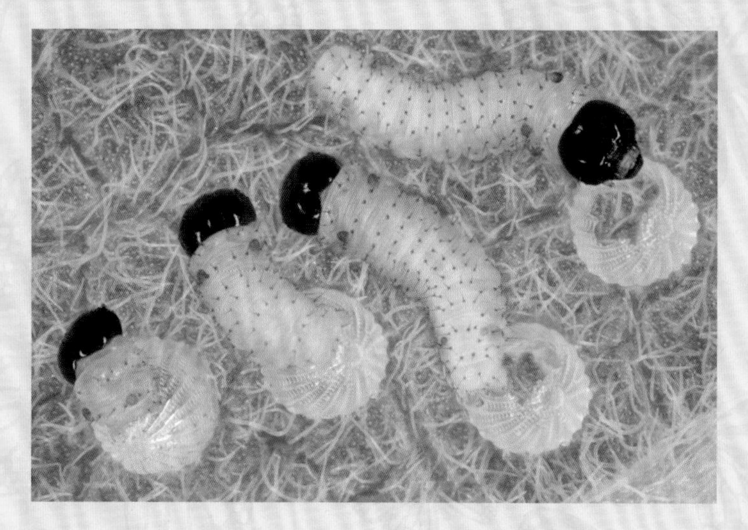

毛毛虫孵化并吃掉卵壳

甲虫

甲虫是地球上常见的昆虫之一。甲虫是鞘翅目昆虫的统称，是地球上最大的动物种群，有大约40万种。这意味着所有昆虫中有40%是甲虫。

这告诉我们甲虫是现存最成功、最多样化的动物群体之一。它们可以适应世界上几乎所有的陆地栖息地，包括淡水，只是在极冷的北极和南极以及海洋中不存在。

甲虫长什么样

甲虫是一个非常庞大的群体，形状和大小各种各样，因此差异也很大。尽管如此，大多数甲虫都有坚硬的保护性外骨骼，包括保护性翅膀外壳（实际上是它们的前翅），覆盖它们用于飞行的后翅。

作为昆虫，它们的身体分为头部、胸部和腹部。它们有一对触角。下颚是用来吃东西的，它们的腿分成几段。

在许多甲虫中，成年雄性和雌性甲虫之间的差异很大。雄性甲虫通常有角或爪状的下颚，用于格斗。

甲虫幼虫的头部通常很坚硬，具有保护作用。它们有良好的咀嚼口器，这使得一些甲虫幼虫能够在土壤甚至腐烂的木头中钻洞。

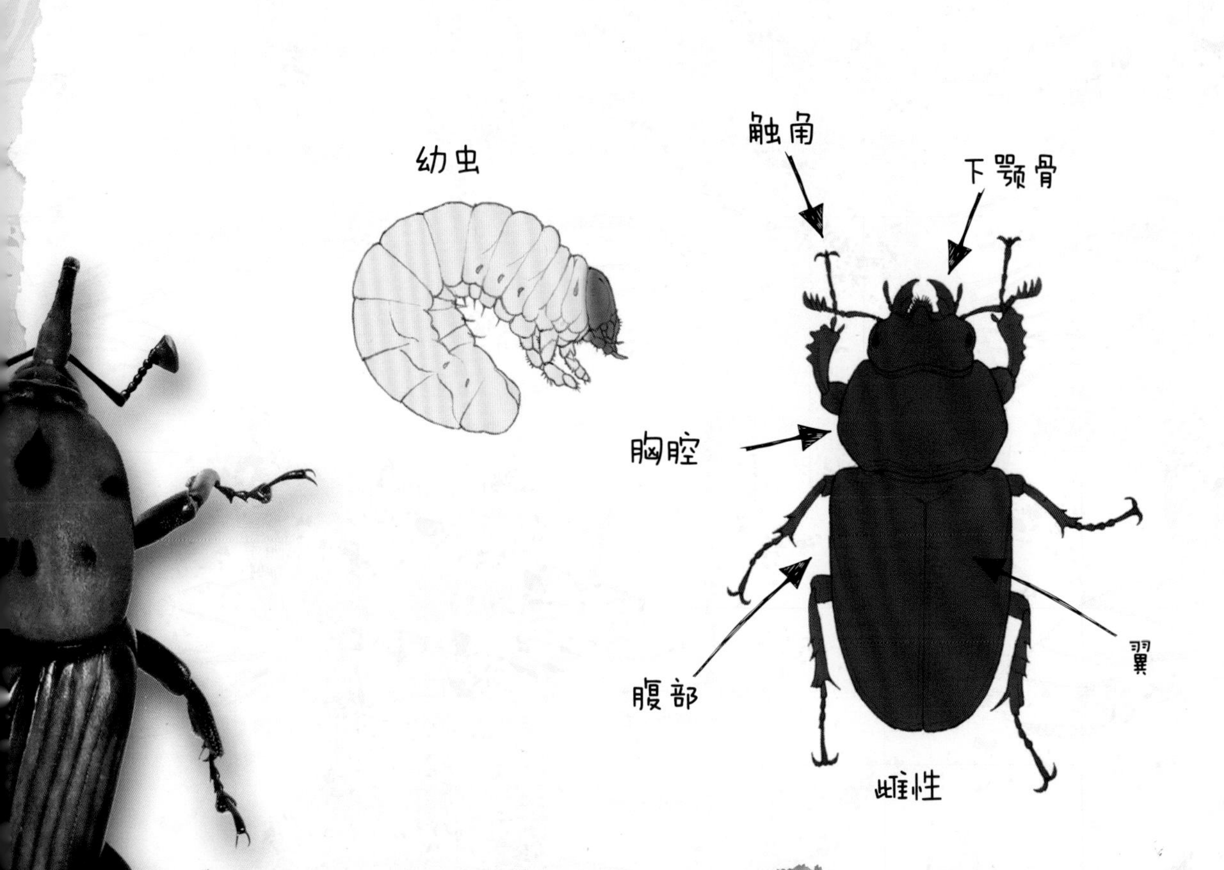

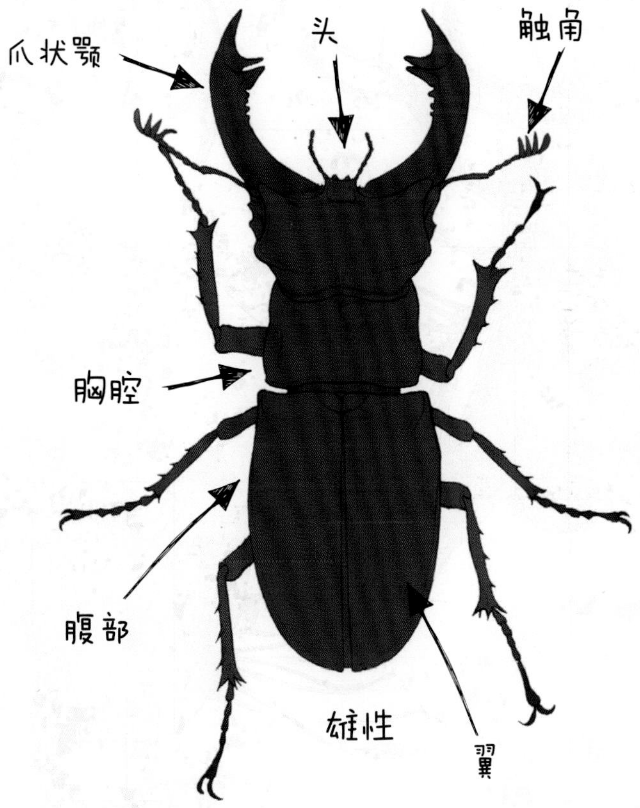

武器

甲虫就是穿着盔甲的虫子，但是它们其中只有一小部分拥有武器，比如，有着巨大角的雄性犀牛甲虫，通常被用来与对手搏斗，看起来可怕到足以吓退捕食者。一些捕食性甲虫，如虎甲虫，确实有强有力的下颚来攻击猎物。特别注意：多数甲虫是没有武器的。

甲虫吃什么

甲虫吃各种各样的食物。许多物种是植食性的，在其幼虫和成虫阶段食用草、水果和蔬菜；另一些则主要以动物为食，特别是吃其他昆虫的卵和幼虫；还有一种甲虫会培植真菌，然后把真菌吃掉。

防御行为

一般来说，甲虫没有攻击性且性情温和，但许多种类的甲虫都有锋利的下颚和角。当受到威胁或被逼到绝境时，它们会用这些来保护自己。在这些物种中，有一种地球上最大的昆虫——大力神甲虫。它的角特别有力。

其他甲虫则通过伪装来保护自己。例如，有些甲虫可能与它们赖以生存的腐烂木材上的植被颜色很相似；许多甲虫只是翻身装死；而一些甲虫则在受到干扰时掩埋自己以躲避捕食者。

有些甲虫根本不试图伪装自己。取而代之的是，它们色彩鲜艳，带有非常鲜明的对比色斑点，如红色和黄色。这些甲虫会警告潜在的捕食者，它们可能有毒，不可食用。

释放化学物质是一种非常有效的摆脱危险的生存方式。虽然有些甲虫会产生有毒的味道或气味，但其他无害的甲虫也会模仿它们的颜色，从这些看起来有毒的颜色中获益。其他无害的甲虫则将它们吃的食物中的有毒化合物集中在专门的腺体上，以便在必要时使用。

庞巴迪的沸水炮

庞巴迪甲虫选择了一种不同的化学防御方法。它可以准确地喷射化学物质和酶的腐蚀性混合物。当这两种物质混合时会自动发生反应，达到沸点 100℃。

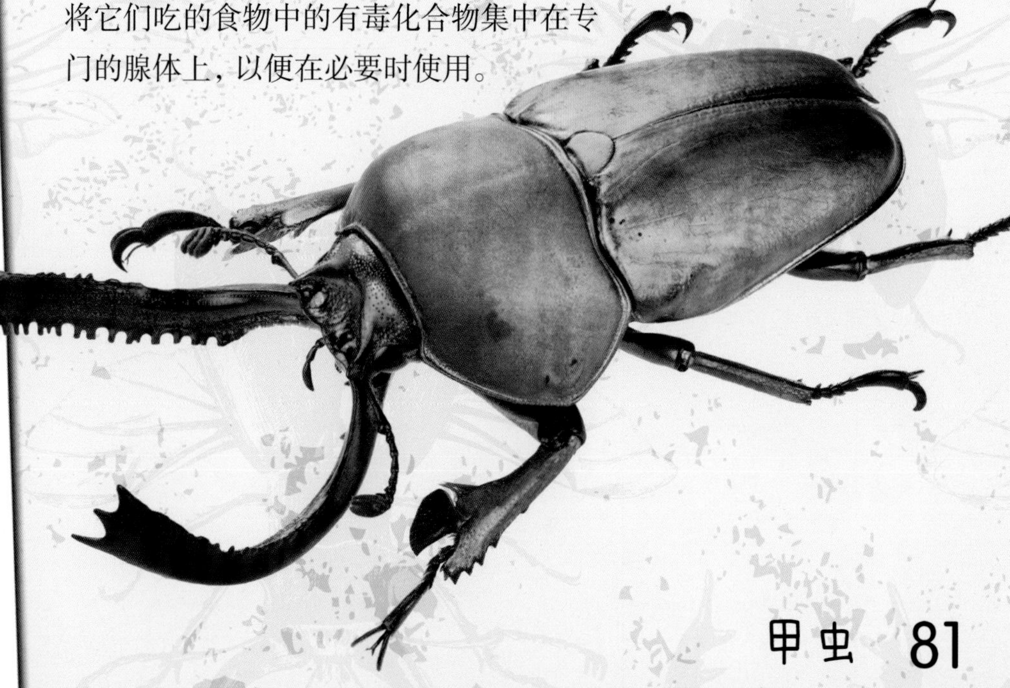

哪里可以找到甲虫

甲虫的踪迹遍布世界各地，陆地上或淡水中都可以是它们的栖息地，但南极洲、北极高地和海水（咸水）栖息地除外。

潜水甲虫

有些种类的甲虫已经适应了在淡水中生活，为了寻找猎物，它们可以游到 1 米及以上的深处。最大的水甲虫可捕食其他无脊椎动物，还有蝌蚪，甚至小鱼。

除了游泳和潜水，一些水甲虫还能在陆地上行走和飞行。

许多水甲虫在腹部或翅膀下形成气泡。它们使用这个气泡作为空气供应，有点像潜水者的氧气罐。一些物种可以在水下停留数小时而不需要返回水面呼吸空气。

飞行的甲虫

大多数人都知道甲虫会飞，因为世界上最容易辨认的甲虫——瓢虫经常这样做。当然，在这样一个大而多样的家庭，有些甲虫根本不会飞。但这些是少数。事实上，即使是已知的两种最大的甲虫——泰坦甲虫和大力士甲虫也能飞，尽管它们是世界上最大的昆虫。

甲虫的生命周期

甲虫的生命周期分为卵、幼虫、蛹和成虫4个阶段。大多数甲虫产卵，卵通常在几天或几周后孵化。柔软光滑的卵可能会被产在土壤、腐烂的木头、植物的茎和叶上，甚至在甲虫的背上，这取决于甲虫的种类。当幼虫出现时，它们可能会在进食之前吃掉卵箱。

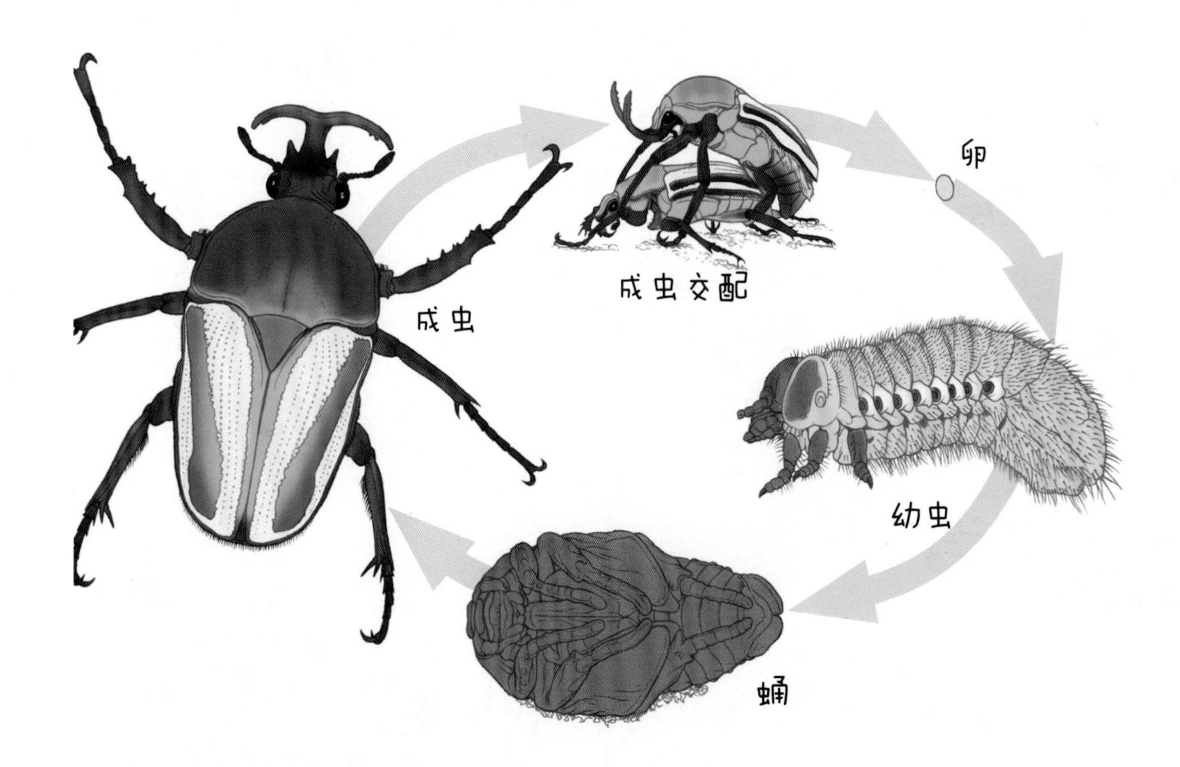

不同种类的甲虫幼虫差别很大，有些以活植物为食，另一些则是在腐烂的木头中生长，消耗腐烂的木头。有些幼虫在地下生长，以死去的有机物为食，另一些则是捕食性的，以其他昆虫或虫卵为食。甲虫是如此庞大的一群动物，几乎每种类型的食物都可进入甲虫的食谱中。

甲虫幼虫在形成蛹之前会蜕皮几次。当幼虫进食时，它会迅速成长，每一层新外骨骼都会看到它的成长，有时还会发展出额外的特征。一些甲虫幼虫从卵到蛹再到成虫只需要几天的时间，但其他的甲虫可能需要几个月或几年的时间，尤其是在寒冷的冬季筑巢期。

一旦成熟，幼虫就会化蛹。化蛹包括一次最终的蜕皮，暴露出一个迅速变硬的外骨骼。

最后成年甲虫从蛹中完全成形。成年的甲虫性成熟，能够进食，不像其他蜉蝣动物和许多种类的蛾。一些成年甲虫能活几年，能量和营养对于它们生存和繁殖是很重要的。雌性甲虫一旦产卵，很少能存活很长时间。

推荐饲养的甲虫品种

目前已知有400万余种甲虫，可圈养的种类很多，而且因饲养者的所在地不同而有所不同。

可圈养的品种中，一些最有趣和最受欢迎的甲虫是色彩鲜艳的水果甲虫和盔甲鹿甲虫。

水果金龟子

水果金龟子通常被称为金龟子甲虫，是最容易饲养的甲虫种类之一，强烈建议初学者饲养。许多物种有很短的发育期（从卵到成虫3~5个月），然后作为成虫生活长达5个月。

迷人的白条绿花金龟子来自非洲东部。这一物种很容易饲养，非常受欢迎。它有闪亮的金属外观，在绿色斑块之间有醒目的白色条纹。绿色斑块呈彩虹色，从某些角度看，呈橙色。成虫体长3.5~5厘米。幼虫以腐烂的橡树和栗子叶为食，但成虫以软果为食。

刚果玫瑰金龟子

有许多不同的金龟子物种，每一种都有不同的颜色图案，刺果金龟子是最吸引人的一种，有明亮的黄色和深黑色。而刚果玫瑰金龟子则有很多红褐色斑块，与淡黄色形成对比。

白条绿花金龟子

花金龟子

花金龟子背部有明亮的彩虹色，带有绿色、橙色、黄色和红色，以及明亮的白色斑点。成虫的身长有 2.5 ~ 3 厘米，从卵到成虫要花 3 ~ 6 个月的时间。成虫能存活 3 ~ 4 个月。幼虫以落叶为食。但成虫可以吃软水果，尤其是香蕉。

非洲绿金龟子

非洲绿金龟子为深绿色，胸部有浅色条纹，翅膀上有可变斑点或条纹。雄性长达 3 厘米，有角（用于互相争斗）；而雌性可达 5.5 厘米长，没有角，颜色闪亮。这种成虫的寿命可达 5 个月。

鹿甲虫这一群体有超过1000种。大多数雄性鹿甲虫都有类似鹿角的大而独特的下颚，用于互相争夺异性。圈养中常见的鹿甲虫包括原足类鹿甲虫，其中一种为黑色、深棕色或棕褐色，另一种为栗棕色的角斗士甲虫，还有一种为彩虹般金绿色的印尼金锹甲。大多数鹿甲虫的幼虫会以腐烂的木屑和树叶腐殖质为食，但成虫更容易以香蕉和其他柔软的水果为食。幼虫可能需要长达15个月的时间才能成熟，但某些物种的发育速度更快。成虫可能存活3个月至数年，具体取决于物种。

起源于中美洲的**长戟大兜甲虫**是犀牛甲虫的一种，拥有“世界上最长的甲虫”的称号。雄性的身体长达8.5厘米，有着约9厘米长的角之外，但大多数饲养者普遍认为，如果被适当喂养和精心照料的幼虫会生成更大的角。幼虫可以在土壤中生长，土壤由分解的山毛榉和橡树叶以及腐烂的橡树木片或木块组成，比例为4 ∶ 1。成虫以香蕉为食。幼虫在孵化后1~2年成熟。蛹期约2个月，然后成虫出现。成虫能活3~6个月。

如何饲养甲虫

甲虫是非常有趣的宠物，尤其是等待幼虫蜕变为成虫的过程是很令人期待的。如果要饲养甲虫，你需要做好以下准备：

● 合适的饲养箱。较大的甲虫需要更大的空间，如果繁殖，土壤深度对于某些物种非常重要，对于某些鹿甲虫，土壤深度可达40厘米。你的供应商会建议你选择合适的尺寸，但40厘米长、30厘米宽、30厘米深的饲养箱适合饲养许多较小的甲虫。

● 土壤以腐殖质或无泥炭堆肥为基础最为合适。如果饲养幼虫，土壤可由切碎的山毛榉和带叶霉菌的橡树叶以及腐烂的木块组成。

● 对于成虫来说，软水果很受欢迎，香蕉是许多种类甲虫最好的食物。

● 热源，如果你的家太冷，可用加热灯，较理想的温度是18~24℃。这个温度适合多种物种，但热带物种需要23~28℃。

合适的饲养箱

如果你只是简单地饲养成虫，一个玻璃或透明塑料箱，通风良好，就可适合用来饲养大多数甲虫。

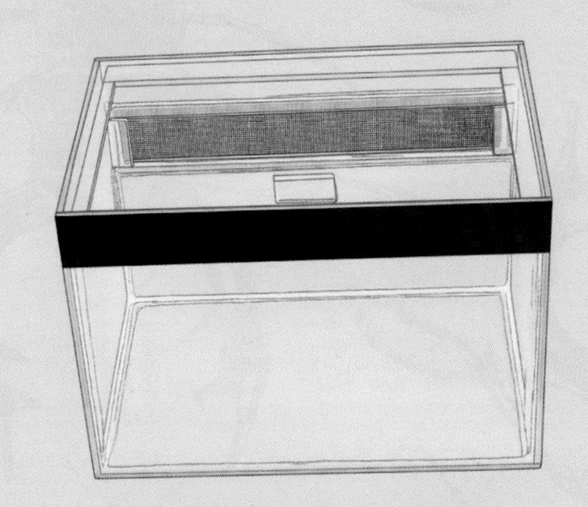

适合饲养甲虫的饲养箱

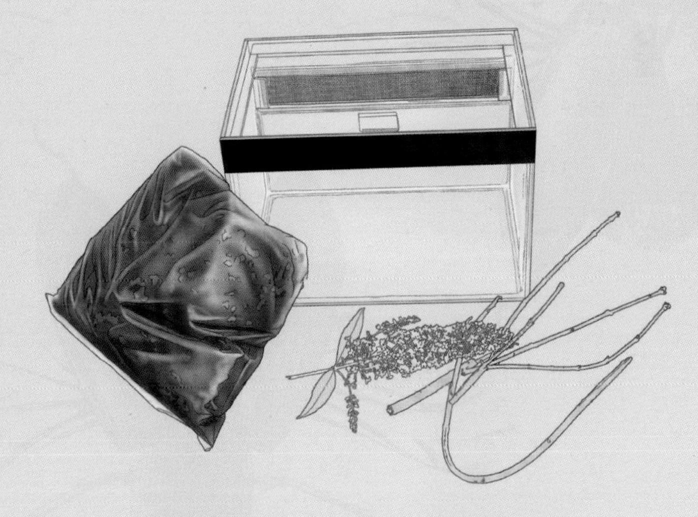

布置甲虫饲养箱所需的物品

饲养箱的底土

较为理想的是有 10 厘米深的潮湿底土（基质），但大型甲虫繁殖时可能需要 30～40 厘米深的底土。一般来说，由无泥炭堆肥或椰子纤维（40%）与当地林地落叶层（60%）混合而成的土壤都是合适的。要避免使用任何化学物质处理过的垃圾和腐殖质。对于特定的甲虫种类，使用的叶子类型可能很重要。例如，橡树和山毛榉对牡鹿甲虫很有好处。混合后的底土应是湿润的，而不是湿透的，双手紧握时应形成一个球；否则，可能需要进一步分解叶子。如果土壤在紧握时流出水分，则说明土壤太湿。

水

因为甲虫和它们的幼虫可以从食物中获取足够的水分，所以没有必要提供水。然而，为了避免土壤因蒸发而变干，请不时小心地加入干净的无氯水。如先将自来水煮沸，然后将其冷却几个小时，就可以了。

如果没有把握，最好是少加水，因为加水很容易做到，但去除多余的水却很麻烦。

其他要求

底土安排到位后，要布置一些树枝和小岩石来美化饲养箱。这将有助于成年甲虫在仰卧时翻个身，并可以给它们提供有安全感的庇护所。

对于热带甲虫来说，如果家里太冷，可能需要恒温控制的热源。加热灯很有用，因为它可以加热饲养箱的顶层，但不能加热饲养箱的底部，这让甲虫可以随意选择温暖或凉爽的地方。然而，对于繁殖甲虫来说，将温度设置在 18～20℃有助于解决土壤温度过低的问题。

布置齐全的甲虫饲养箱

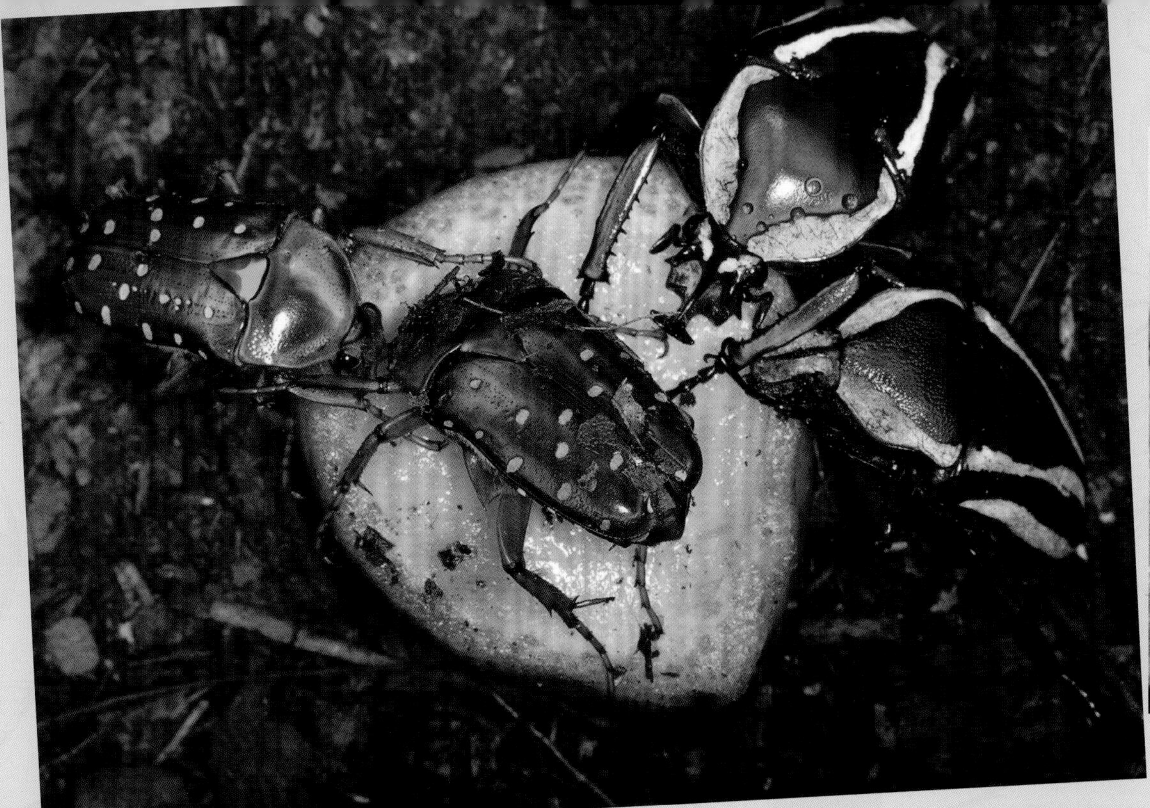

甲虫吃什么

甲虫幼虫主要食用腐烂的树叶和木材，这可以用小麦胚芽来补充。小麦胚芽与腐烂的树叶和木材构成比例应为1∶9。

成年甲虫更容易照料，因为大多数被圈养的甲虫会喜欢吃软的、含糖的水果，香蕉是它们特别喜爱的食物，尽管桃子和软苹果都很容易被吃掉。一两天后应更换水果，以防水果在饲养箱中变质，这样真菌可能会在你的饲养箱中开始繁殖，其中一些可能会让你的甲虫处于危险之中。

一些专业供应商以特殊配方的果冻形式提供甲虫食品。这些可以用来补充或取代甲虫日常食用的水果，因为果冻通常含有营养素。这些营养素可能是它们日常饮食中所欠缺的。

如何抓取你的爱虫

大多数甲虫相对温驯，可以忍受被拿起，但有些个体在被拿起时可能会表现得有些痛苦。最好的方法是从背后轻轻戳甲虫，让它们拱到你的手指上。对于那些容易咬人的甲虫，最安全的方法是抓住它们的胸部两侧，放在你的手上。

甲虫繁殖

成年甲虫通常通过气味寻找配偶，这是因为雌性甲虫会发出诱人的气味来表达它们准备好交配了。

雄性甲虫会为了吸引雌性甲虫的注意而争斗。独角仙会像公鹿一样，把角合拢以“发情”。获胜的雄性甲虫会通过摩擦腿或翅膀发出声音，或者用触角爱抚雌性来求爱。当时机成熟时，它们会进行交配。

雄性甲虫和雌性甲虫会在它们变为成虫并开始进食后不久就进行交配，如果你想多观察雌性甲虫一段时间，最好先把雄性甲虫和雌性甲虫分开，因为一旦它们繁殖，雌性甲虫就会在产卵后死去。

交配后，雌性甲虫会在土壤中挖洞产卵。卵的数量可能从一个到几百个，雌性甲虫通常在产后就不会重新出现，你可能在换土时找到它的尸体。

一旦卵孵化，白色小幼虫就会立即以土壤中的有机物为食。这些幼虫可以留在土壤中，但如果放在单独的容器中就更容易管理。想要把它们找出来，只需小心地翻出土壤，细心地筛选，收集卵和幼虫。这些幼虫通常处于不同的发育阶段，要把那些处于相似发育阶段的幼虫放在相同的容器中，每隔几周，清除一些土壤，用新材料取而代之。经过几个月的喂养，幼虫生长得很迅速，最终化蛹。大约需要 2 ~ 3 个月的时间，成虫就能发育并破蛹而出。

在准备深层土壤时，最底下的 10 厘米，要用指尖压实土壤。

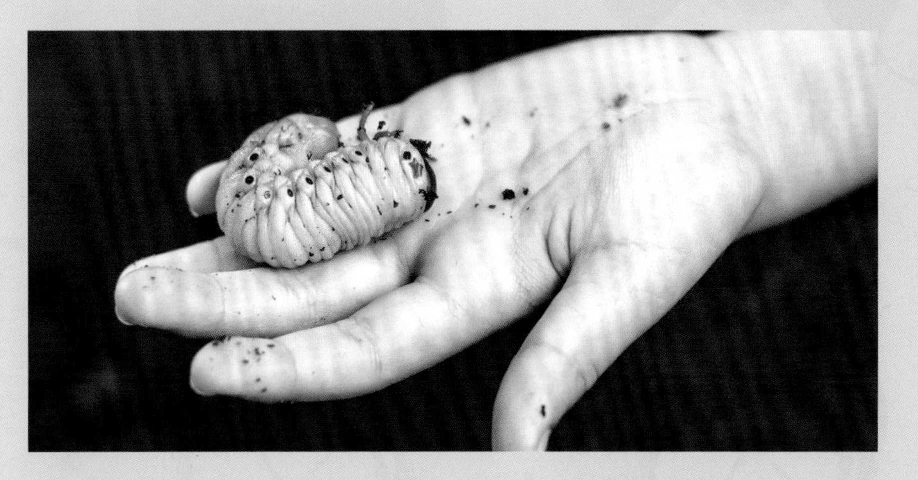

以提供产卵的基础，其余的土壤应轻轻压实，以确保土壤中没有大间隙（气穴）。

土壤为幼虫提供食物，因此使用的材料应不含杀虫剂。

巨型千足虫

千足虫的学名是马陆，是身体分节的一类动物，通常具有细长的身体。大多数千足虫有47~197对腿。记载中有最多条腿的千足虫总共有1306条腿。它们是所有动物群体中最古老的群体之一。

巨型千足虫长什么样

千足虫有的细长，有的短而宽。巨型千足虫主要有一个圆形的头部，带有一对相对短小的触角，以及用于进食的一对大下颚骨。它们的身体通常呈圆柱形，大多数身体体节都有两对伸出身体两侧的腿。这些体节上覆盖着外骨骼板。头颈部之后的前三段通常只有一对腿。千足虫通过一些小孔（气孔）呼吸。这些气孔位于每个体节的下侧，千足虫的“眼睛”是被称为“眼点” 的光敏器官的斑块，因此它们的视力很差。

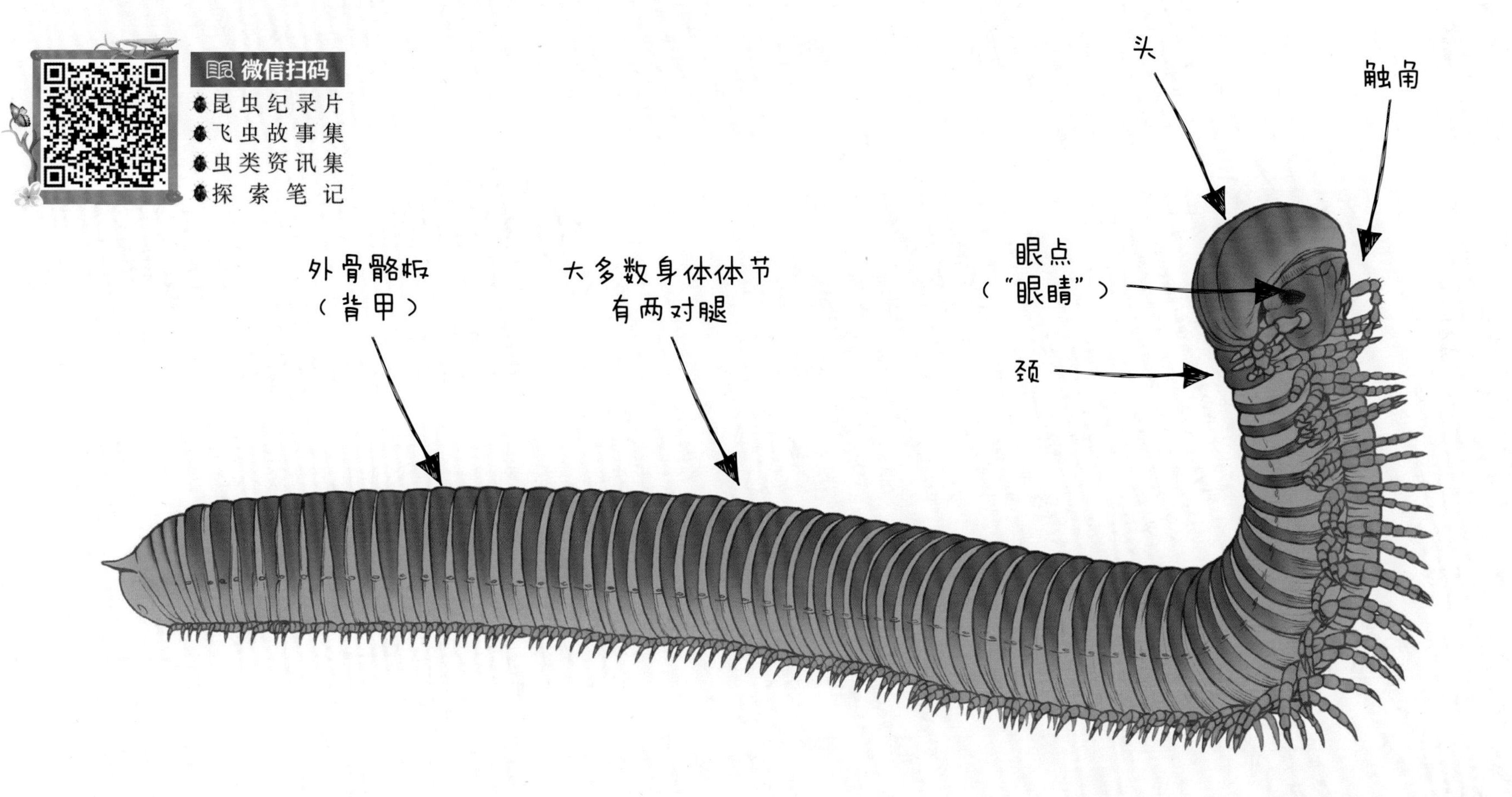

武器

千足虫没有任何武器，相反，它们有可依赖的防御结构，比如，坚硬的外骨骼。它们的外骨骼是附着在每个体节上的背甲。

巨型千足虫吃什么

巨型千足虫是食草动物，食物通常为腐烂的植物。在饲养环境下，大多数物种也会吃新鲜的植物。千足虫通常在夜间活动，在落叶和树干上觅食。这种夜间活动的习性在两个方面为它们提供了保护：第一，它们在黑暗中不易被捕食者发现，使它们能够安全地活动；第二，在阳光下它们很容易脱水，在夜间进食可以避免这种情况。

防御行为

当它们受到威胁时，千足虫会蜷缩成一个紧密的螺旋体。它们把坚固的外骨骼置于外部，保护它们柔软而脆弱的腹部。

喷射毒液

许多千足虫还可以喷出带有强烈气味的液体来驱赶捕食者，这是一种有毒的刺激物。其实巨型千足虫通常很温驯，请温柔对待它们。即便如此，在接触它们之后，如果你要触摸眼睛或嘴巴，最好先洗洗手，因为少量的这种液体可能会留在你的皮肤上。如果你不小心粘上这种液体，通常会闻到一种相当奇特的气味。

千足虫有各种各样的颜色。大多品种是棕色或黑色的。这些颜色有助于它们在落叶中伪装起来。还有一些品种则具有颜色鲜艳的体节（条纹）或颜色鲜艳的脚。这些颜色（通常是红色、黄色、橙色和蓝色）是用来警告其潜在的捕食者：千足虫有异味，吃了可能会中毒。

哪里能找到巨型千足虫

虽然千足虫遍布世界各地，但巨型千足虫仅出现在东南亚的热带雨林、热带和亚热带非洲以及美洲的热带地区。

史前

现代千足虫的祖先是最早适应在陆地上生活的动物之一。第一个千足虫化石可以追溯到4.2亿~4.5亿年前。石炭纪晚期，地球大气中氧气含量较高且缺乏大型捕食者，使得巨型千足虫得以进化并在陆地上生活。

最长的千足虫有多长？

来自东非的非洲巨人千足虫 创造了千足虫的纪录，个体最重最长，长达38.5厘米。

一些千足虫的身体非常细，例如，管形千足虫可长到8厘米长，但身体通常只有1~3毫米宽。

微信扫码
- 昆虫纪录片
- 飞虫故事集
- 虫类资讯集
- 探索笔记

巨型千足虫的生命周期

巨型千足虫从产在潮湿土壤或腐叶的卵中孵化。几个星期后，幼虫孵化出来，身体很短。除了头部和颈部，幼虫只有 3 个体节，每个体节有 1 对腿，加上 2～4 个无腿的体节（具体取决于不同的物种），还有排出代谢废物的肛门部分。

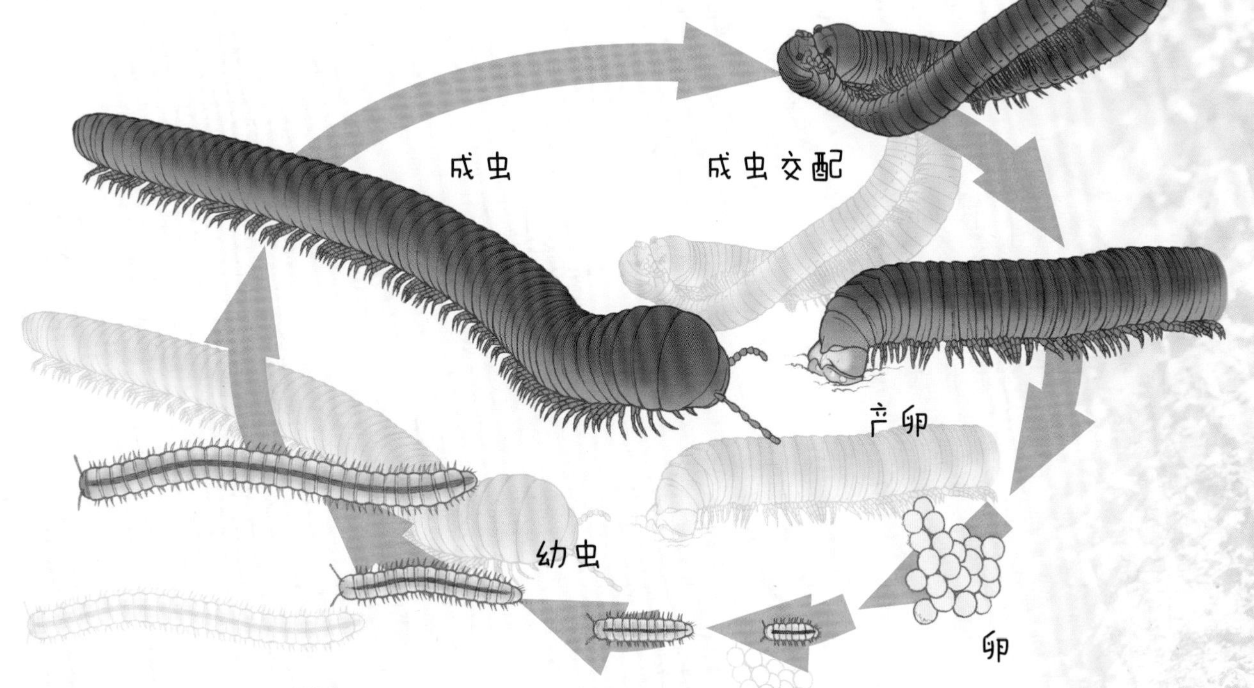

随着新生的千足虫开始进食和生长，它们会定期蜕皮，每次蜕皮都会新增出一些体节和腿。千足虫在达到性成熟之前会多次蜕皮（根据物种的不同，蜕皮 4～20 次），之后，它们就会定期蜕皮，此时它们的生长速度开始变慢。

推荐饲养的巨型千足虫品种

虽然千足虫约有 12000 种，但被认为是巨型的只有几十种。它们有多种形状和颜色，其中许多适合饲养。具体哪种适合你养，要根据你的居住环境决定，毕竟很多国家或地区禁止部分品种的进口。

数十种适合被饲养的巨型千足虫大小和颜色各异。黄带千足虫有漂亮的黄色条纹，长度可达 10 厘米。砖红厚甲马陆呈红褐色，有时带有较深的条纹，可以长到 16 厘米长。

非洲巨型千足虫是饲养最广泛的巨型千足虫。它可以长到 38.5 厘米长，如果被照顾得当，可以活 7 年。它的身体部分是深棕色的，腿颜色较浅。

几种巨型千足虫被称为彩虹马陆，因为它们有棕色、黑色、灰色、蓝色、红色和橙色的多彩纹路。养殖最广泛的是尾叶马陆和彩虹马陆，它们能长到 10 厘米长。

如坦桑尼亚红腿千足虫被称为红腿千足虫，因为它们的腿呈粉红色甚至是鲜红色。大多数的饲养品种可以生长到 10~15 厘米长。

推荐饲养的山蛩虫品种

这些千足虫突出的外骨骼板使它们看起来非常坚固——有人称它们为装甲千足虫或拖拉机千足虫。虽然大多数物种是黑色、棕色或灰色的，但有些是亮蓝色、红色，甚至紫色的。某些品种看起来非常像蜈蚣，但可以通过其大部分体节上存在的 2 对足来识别。

山蛩虫属的饲养不是很普遍，其中最常饲养的是黄边马陆、山蛩虫和直形马陆。这些品种可以长到约 4 厘米。它们的饲养要求与巨型千足虫相同。

巨型球马陆

巨型球马陆生存于东南亚、南亚、马达加斯加、非洲南部、澳大利亚和新西兰。它们被称为球马陆是因为它们受到威胁时会蜷成球。它们的大小差别很大，有的大小像樱桃，有的大小像高尔夫球。球马陆通常很难饲养（因此不建议初学者饲养）。最常见的饲养品种——刺槐马陆，这是一种色彩丰富的品种，其身上带有白色、黑色、黄色和红色的斑纹。除此之外，具有漂亮的巧克力棕色的巧克力球马陆也是常见的饲养品种。

千足虫和蜈蚣相似但不同

千足虫虽然看起来和蜈蚣很像，但它们的习性却大不相同。千足虫移动相对缓慢且无害，主要吃枯萎的植物。而蜈蚣通常是高速移动的肉食性掠食者——它们的每个体节都有一对有关节的腿，这些使得它们的动作相当迅速。蜈蚣大多有毒，在靠近嘴的地方长有一对利爪，也是它们的毒牙。

如何饲养巨型千足虫

大多数巨型千足虫很容易饲养。以下指南适用于大多数品种，要饲养巨型千足虫，你需要做好以下准备：

- 饲养箱，如小型水族箱等；
- 箱子底部的泥土；
- 喷雾瓶或喷雾器；
- 一个放食物的浅盘；
- 恒温控制的热源，如加热垫（如果室温太低）。

合适的饲养箱

巨型千足虫对饲养箱的要求很低，小型鱼缸、玻璃容器或大型通风塑料罐都可以。为确保千足虫有足够的生活空间，饲养箱的长度至少应是千足虫的2倍，宽度应与千足虫的长度相同。网箱不适合这些动物，因为它们需要较高的湿度，具体要求取决于品种。

饲养箱需要有良好的通风，因为停滞的空气会导致千足虫健康状况不佳。避免空气停滞的一种方法是使用带有网状顶部的饲养箱。

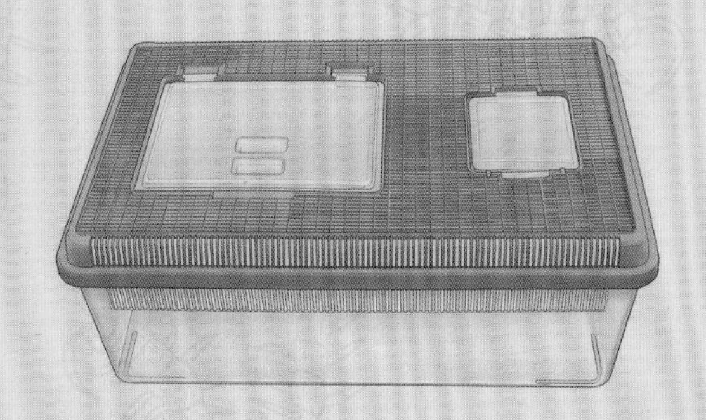

适合饲养巨型千足虫的饲养箱

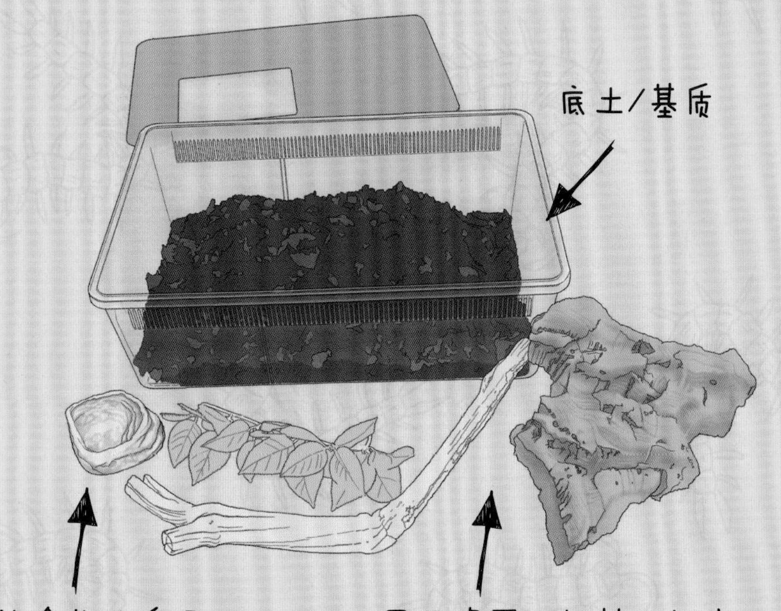

巨型千足虫饲养箱的配置

饲养箱的底土

在饲养箱底部铺上底土，你可以向饲养箱底部添加干净的水来保持湿度——土壤应保持湿润。土层应为5~10厘米深，以便千足虫挖洞。理想的土壤包括不含泥炭的堆肥、沙子和细碎的树皮。可以使用落叶，但应事先对其进行加热消毒，以避免引入可能伤害千足虫的野生昆虫或害虫。

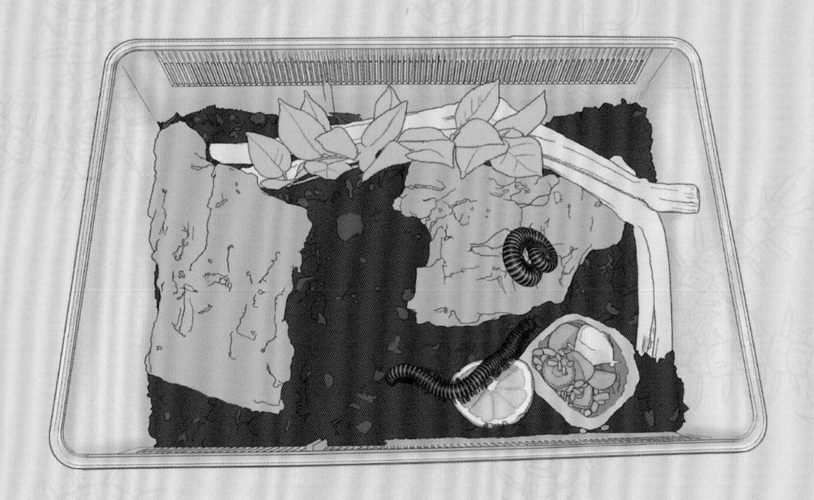

巨型千足虫饲养箱

其他需求

大多数巨型千足虫的饲养箱内温度应保持在24~28℃。为了保持这样的温度，你可能需要安装加热垫（可从爬行动物商店和宠物店购买）。注意：应该垂直安装（在饲养箱的一侧）加热垫，而不是将加热垫水平安装在饲养箱下方。这样做的原因是千足虫在太热的时候有向下挖掘的本能。如果你将加热垫放在饲养箱下方，而千足虫觉得太热就会向下挖而更接近加热垫，最终可能因过热而死亡。

不要将饲养箱放在阳光照射的窗户附近或靠近光源，因为千足虫喜欢阴凉的环境。千足虫通常从它们的饮食中获得充足的水分，不需要经常喝水，但是可在饲养箱里放一小碗浅水，以确保它们不会口渴。

如何给巨型千足虫喂食

尽管巨型千足虫在野外通常会吃枯萎的植物，但它们在被圈养时会很乐意吃新鲜的食物。理想的食物包括土豆、苹果皮、生菜、黄瓜片、西红柿、桃子和香蕉。作为零食，甜食最好少量提供一点。

将食物留在养殖箱里1~2天是可以的，因为有些千足虫更喜欢吃比较软的和变色的食物。这通常意味着食物开始腐烂。但是，应定期更换食物并保持箱子清洁，以防止疾病的出现。偶尔应在食物中添加钙补充剂。

千足虫会唱歌

有 3 个品种的雄性千足虫在开始交配时会发出叫声，这种声音是它们通过摩擦外骨骼来发出的。雄性千足虫用这种发声方式向雌性求爱。

如何抓取巨型千足虫

巨型千足虫不喜欢定期清洁，但如有必要，可以每周清洁一下。清洁时先让它们拱到你的手上，使它们可以从一只手爬到另一只手。千万不要试图拿捏它们的身体，因为这会让它们害怕。

尽管千足虫的移动速度相对较慢，但也要注意防止它们跌落。将千足虫放回箱子后，请用肥皂彻底洗手，以确保其刺激性分泌物不会接触到你的眼睛或嘴巴。

巨型千足虫繁殖

千足虫的雌雄难以区分，如果从侧面观察，通常雄性千足虫的第 7 节中藏有一组专门用于繁殖的腿，这可以作为分辨依据。

如果雌雄千足虫同放在一个饲养箱中，并且条件良好，雄性和雌性最终会自动繁殖：它们会互相拥抱，雄性会将精子传递给雌性，雌性可以长期储存精子。雌性将它的卵产在土壤下，这些卵将在几周内孵化成幼虫。幼虫不需要特别照顾，可以安全地与成虫一起生活，没有同类相残的风险。

鲎虫

鲎虫也被称为“三眼恐龙虾”，是一群小型甲壳类动物（如螃蟹、虾、木虱和藤壶）的同类，它们的祖先最早出现在大约3亿年前。虽然它们通常被称为“活化石”，但它们一直在适应环境。

鲎虫长什么样

鲎虫的身体由头部、胸部和腹部组成。头部有一对复眼，位于第三只眼（颅顶眼）两侧的甲壳顶部。第三只眼睛可以检测光。眼睛下方是一组下颌骨，可将食物分解成小块。

胸部由许多体节组成。前 11 节有成对的腿状附肢，称为胸足，这些附肢主要用于移动。前面的附肢分得很开，而且很长，看起来像触角。功能上也跟触角相似，因为它们是用于探索环境的感觉器官。

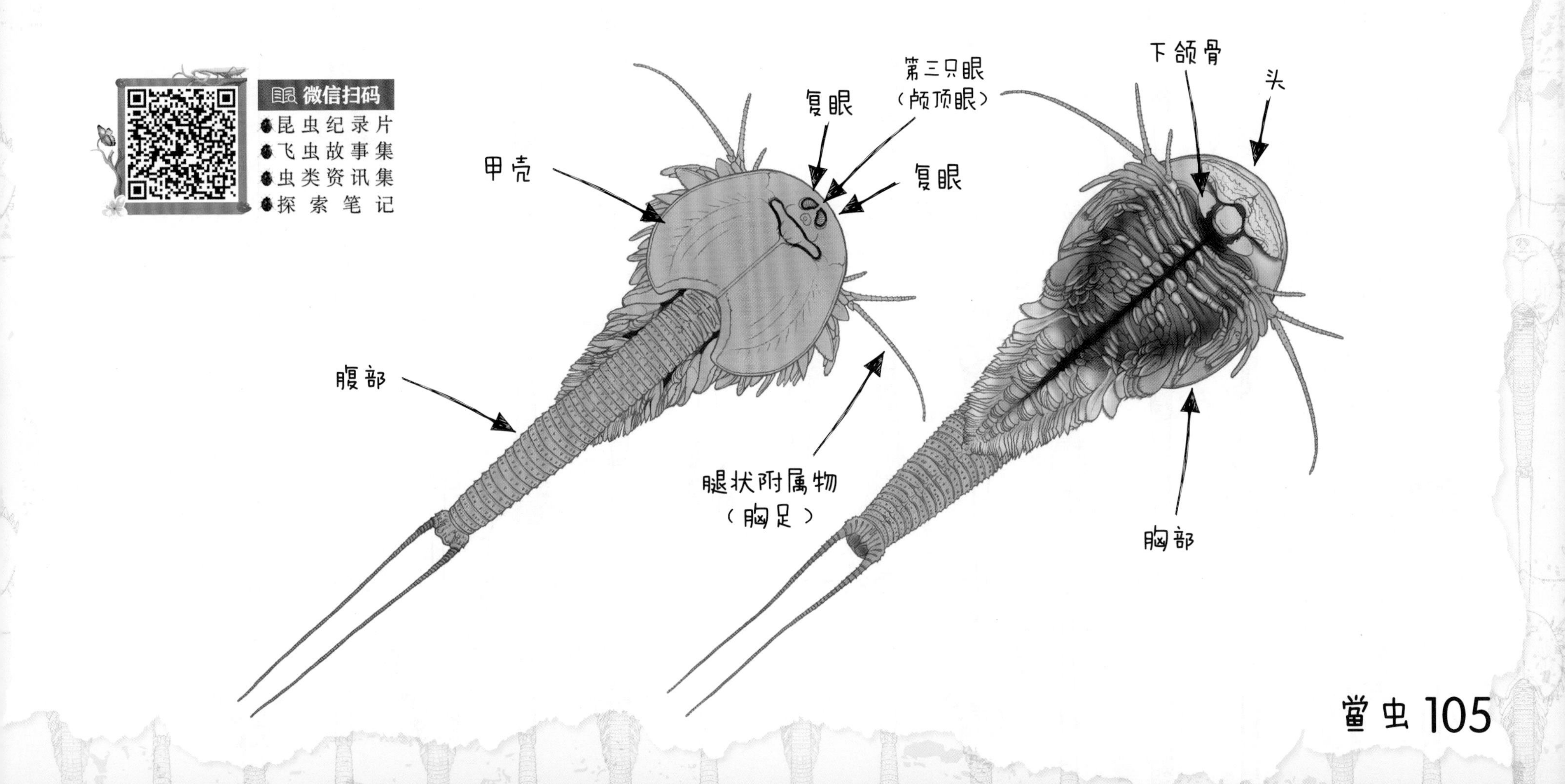

鲎虫吃什么

鲎虫是杂食性动物，它们会吃藻类和漂浮物，也可以吃昆虫幼虫、蝌蚪、小型水生蠕虫和鱼的幼体。

鲎虫用身体下方进化的腿将食物拨到位于胸部后部中央凹槽的嘴巴处，然后用下颌骨将食物分解成更易于食用的碎片。

防御行为

鲎虫是相对简单的生物，主要依靠它们的甲壳来保护自己。在浅浅的水池中，它们捕食较小的动物，如水蚤和蚊子幼虫。然而，在较大的池塘中，它们也被青蛙和蝾螈吃掉，有时甚至被鸟类吃掉。

哪里可以找到鲎虫

除了南极洲，鲎虫的遗迹遍布每个大陆上，因为南极洲对它们来说太冰冷了。它们最早出现在古老的超大陆——盘古大陆上。在盘古大陆分裂成今天的大陆之前，它们遍布整个大陆，并从那时起幸存下来。

史前动物

鲎虫有时被称为“活化石”，因为在1.8亿年前侏罗纪时期的岩石中发现了与现代鲎虫几乎相同的化石遗骸。最早可识别为鲎虫的化石可以追溯到大约3亿年前的石炭纪。这些是真正古老的生物，随着时间的推移，几乎没有变化。

你知道吗

鲎虫不需要通过交配来繁殖。幼虫可以从未受精的卵中孵化出来，即使单个鲎虫独自生活，种群也可以存活下来。在许多鲎虫物种中，雄性非常罕见，并且在某些种群中，大多数（甚至可能全部）繁殖都没有交配。这种繁殖方法可能是300万年来鲎虫几乎不变的原因之一。较大的鲎虫也会吃它们的弟弟妹妹，因为只需要一个鲎虫就可以产卵繁殖，吃掉其家人可以为其提供足够的能量来生产下一代。

鲎虫的生命周期

鲎虫可以在潮湿的栖息地被找到，它们的卵有一层厚厚的卵壳，可以承受极端高温和寒冷、干旱甚至辐射。事实上，一旦卵产下，就需要等到完全干透后才会孵化。在达到良好的条件前，它们可以在假死状态下存活几十年。

根据条件和品种，鲎虫可存活 1~3 个月。成虫在野外会变得相对较大，一些品种从头到尾的长度接近 10 厘米，但在人工饲养时通常为 4~8 厘米。

一旦干旱期结束，它们的栖息地再次变湿，卵就会在此时孵化。幼虫只有 1 只眼睛和 3 对腿。幼虫几乎一出生就立即进食并迅速生长。随着它们的体形增大，它们会蜕皮，每次蜕皮体节及附属物都会增加。它们通常会在 7~10 天内成熟，之后它们很快便开始产卵，以防它们的栖息地变干。

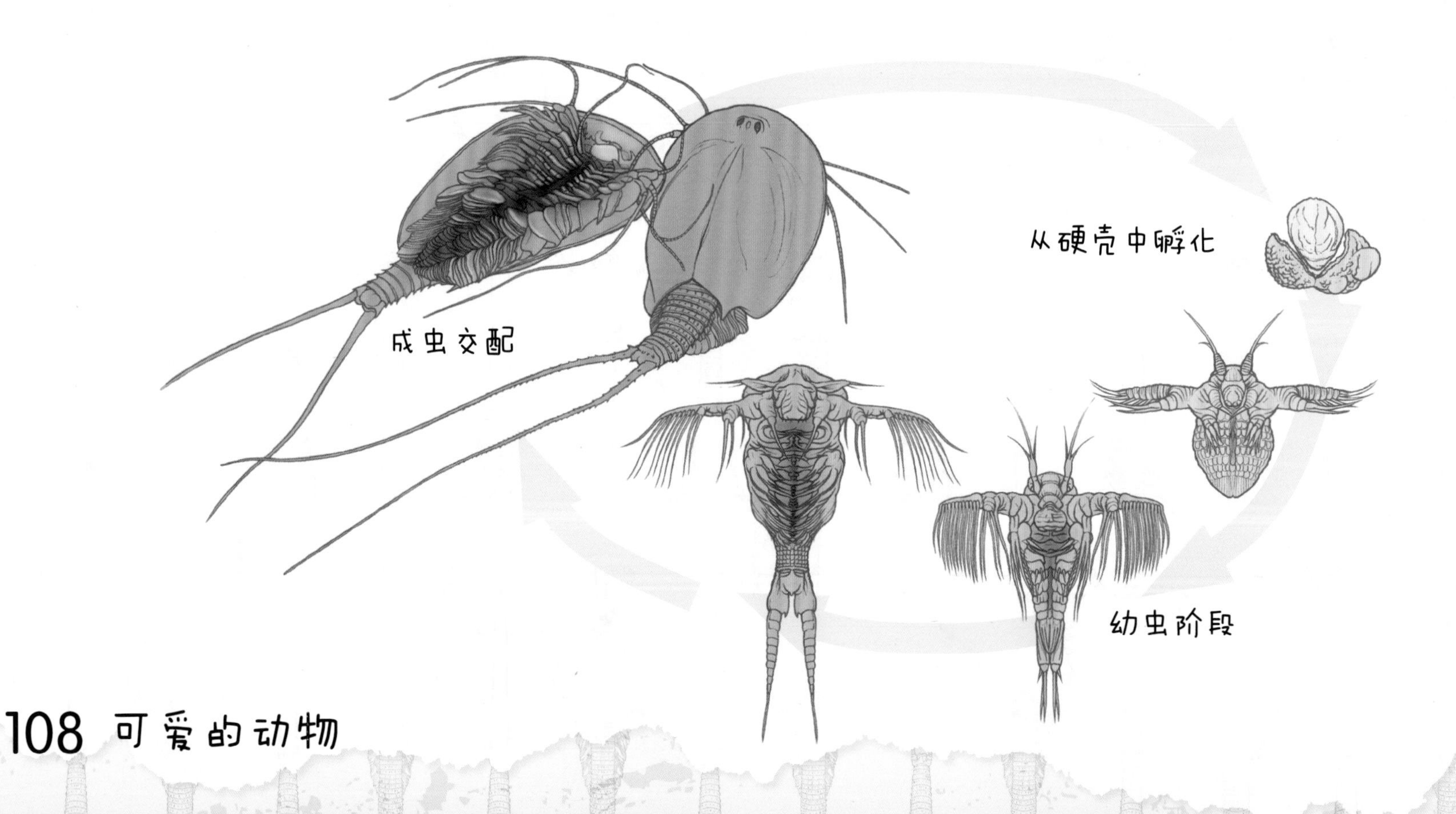

如何饲养鲎虫

鲎虫的饲养要求很简单——保持它们的水箱清洁。要饲养它们，你需要做以下准备：

- 长、宽 15 厘米、深 6 ~ 10 厘米的饲养箱，如有更大的饲养箱，可以减少清洗的频率，并提供更稳定的条件；
- 鲎虫卵；
- 瓶装蒸馏水；
- 可靠的食物来源。

合适的饲养箱

由玻璃或塑料制成的小鱼缸或较深的盘子是饲养鲎虫的理想选择。玻璃更容易清洁并且不会随着时间的推移而变色，但塑料更轻，更便宜。

如果容器大一些，鲎虫生活条件将更稳定，这对鲎虫的健康很有好处。饲养箱中水的容积大，水温就不会像容积较小的饲养箱那样迅速地产生变化，水也不容易变脏。如果食物投喂过多，而水量较少的话，水很快就会被污染。记住，鲎虫生活在浅水区，水过深，可能无法为其提供理想的水中溶氧。

布置鲎虫箱

完全布置好的鲎虫箱

其他需求

鲎虫需要不含化学物质和矿物盐的纯洁水，因此，不能用自来水。最好选择瓶装蒸馏水和泉水，避免使用矿泉水，因为它们的矿物质含量很高。鲎虫需要饲养在23~28℃的温暖环境下，因此室温条件通常就足够了。

容器底部铺上一层水族箱沙子或细鹅卵石，可为鲎虫提供产卵的地方。这样做还将延缓水变脏的速度。重要的是不要使用沙滩上的沙子或建筑用沙，因为它们会含有有害的矿物盐。

鲎虫的孵化

购买的鲎虫，通常会以一包卵的形式送到你的手里，而且会带有一个小水箱和一些食物。你应该在孵化鲎虫的前3天布置好它的水箱，以便内部条件稳定下来。如果添加沙子之类的底土，铺上约1厘米厚，然后小心地用瓶装水装满水箱并让它沉淀。（在沙子上放一个浅碟，然后轻轻地倒入水，这样可以防止沙子被搅动太多）水箱准备好后，只需放入卵并等待。孵化通常发生在24~48小时内，幼虫看起来非常微小，几乎透明。

饲养鲎虫

鲎虫生长迅速，孵化后很快就会开始进食。将卵放入水中后的第 3 天，就可以开始喂它们了。你要么用卖家随卵一起提供的食物，要么使用热带鱼食用的碎鱼片。在前 2~3 天每天喂几片碎鱼片，投喂几小时后取出所有未吃完的食物。此后，你应该每天喂它们 2~3 次，直到它们停止进食。使用细网去除多余的食物，这样水就不会变得混浊并散发气味。大约 1 周后，鲎虫将长至 5 毫米。此后它们将快速生长，所以应该投喂足量的食物以防止它们互相捕食。

由于鲎虫吃许多不同种类的食物，你还可以为它们提供小块胡萝卜、红虫，甚至海藻。

如果水开始变得混浊，或者发出难闻的气味，请把容器装满新鲜的水，然后将其放在水箱旁边几个小时，使其达到相同的温度。然后，使用一个小杯子或碗，从鲎虫水箱中取出大约 1/3 的脏水并将其倒入排水管，小心不要倒掉鲎虫用容器中的淡水替换倒出的水。几个小时后，重复这个过程。重要的是不要一次更换所有的水，因为换水的冲击会导致鲎虫死亡。

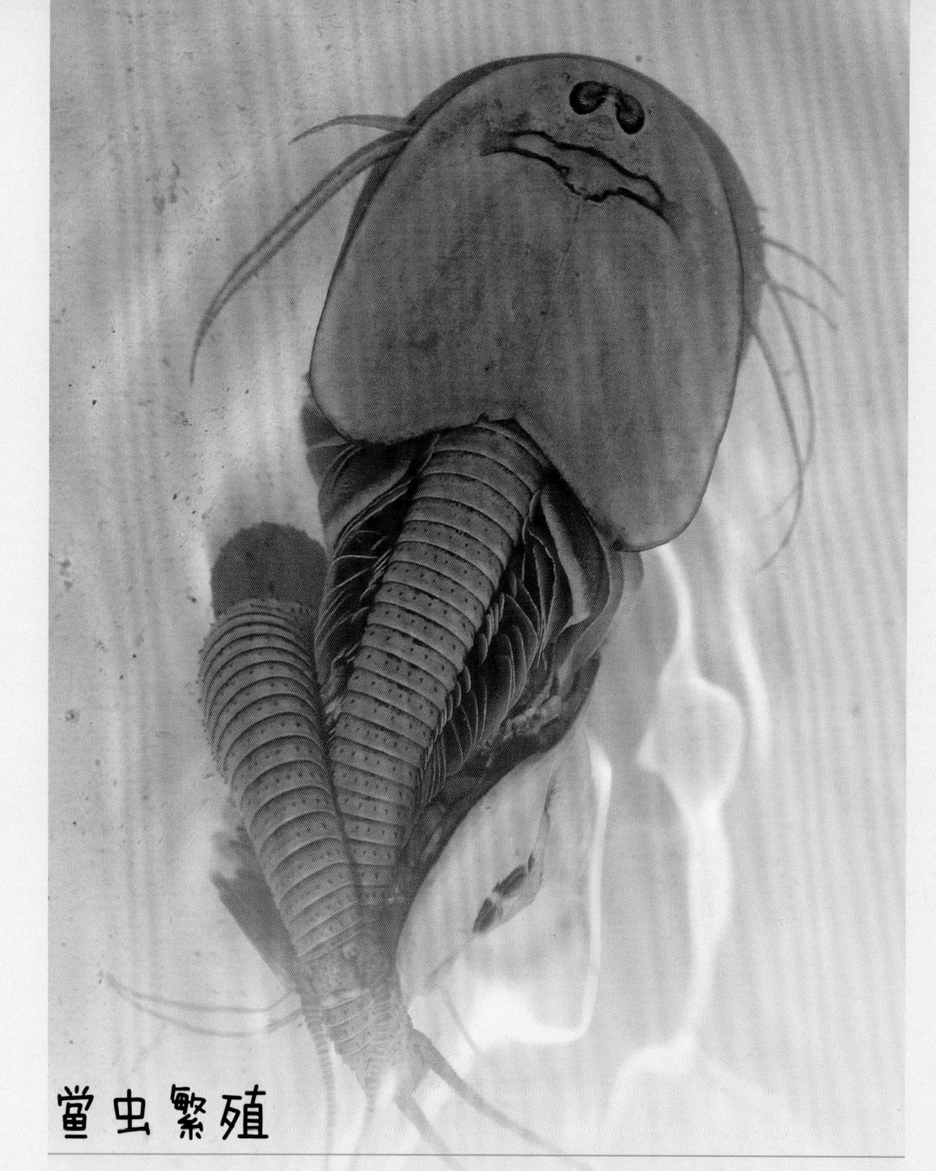

鲎虫繁殖

鲎虫生长 2~3 周就会达到性成熟并开始在底土中产卵。它们产卵几次后就会死亡，应该从水箱中取出其尸体。当所有的鲎虫都死了，应倒掉大部分的水，让基材完全干燥几个星期。然后只需用新鲜干净的水重新装满水箱，再重新在沙子中孵化卵，等待幼虫出现即可。

巨型陆栖蜗牛

蜗牛是腹足动物家族的螺旋壳成员，在世界范围内很常见。蜗牛与它们的近亲蛞蝓共享该族群。虽然大多数蜗牛相对较小，通常直径为2～5厘米，但也有一些非常大的种类。其中最大的是非洲大蜗牛，褐云玛瑙螺和玛瑙螺经常被当作宠物饲养——两者都被称为巨型非洲蜗牛。这些蜗牛是很好的宠物，但在某些国家或地区是被禁止饲养的，它们被禁止饲养的原因有时是不负责任的主人在某些地方将它们放生到野外，在那里它们成为破坏农作物并与本地动物竞争的外来入侵物种。

巨型陆栖蜗牛长什么样

巨型陆栖蜗牛的身体比其他陆栖蜗牛要大得多。它们的螺壳长超过 20 厘米，直径超过 10 厘米。像大多数陆栖蜗牛一样，它们的壳是圆锥形的，它们可以缩回里面。它们用黏液润滑肌肉发达的脚来移动，眼睛长在可伸缩的触手上，通过从鳃进化而来的肺呼吸（某些类型的陆栖蜗牛仍然有鳃）。巨型陆栖蜗牛通过用嘴里的带状结构刮食食物来进食，那种带状结构被称为“齿舌”。

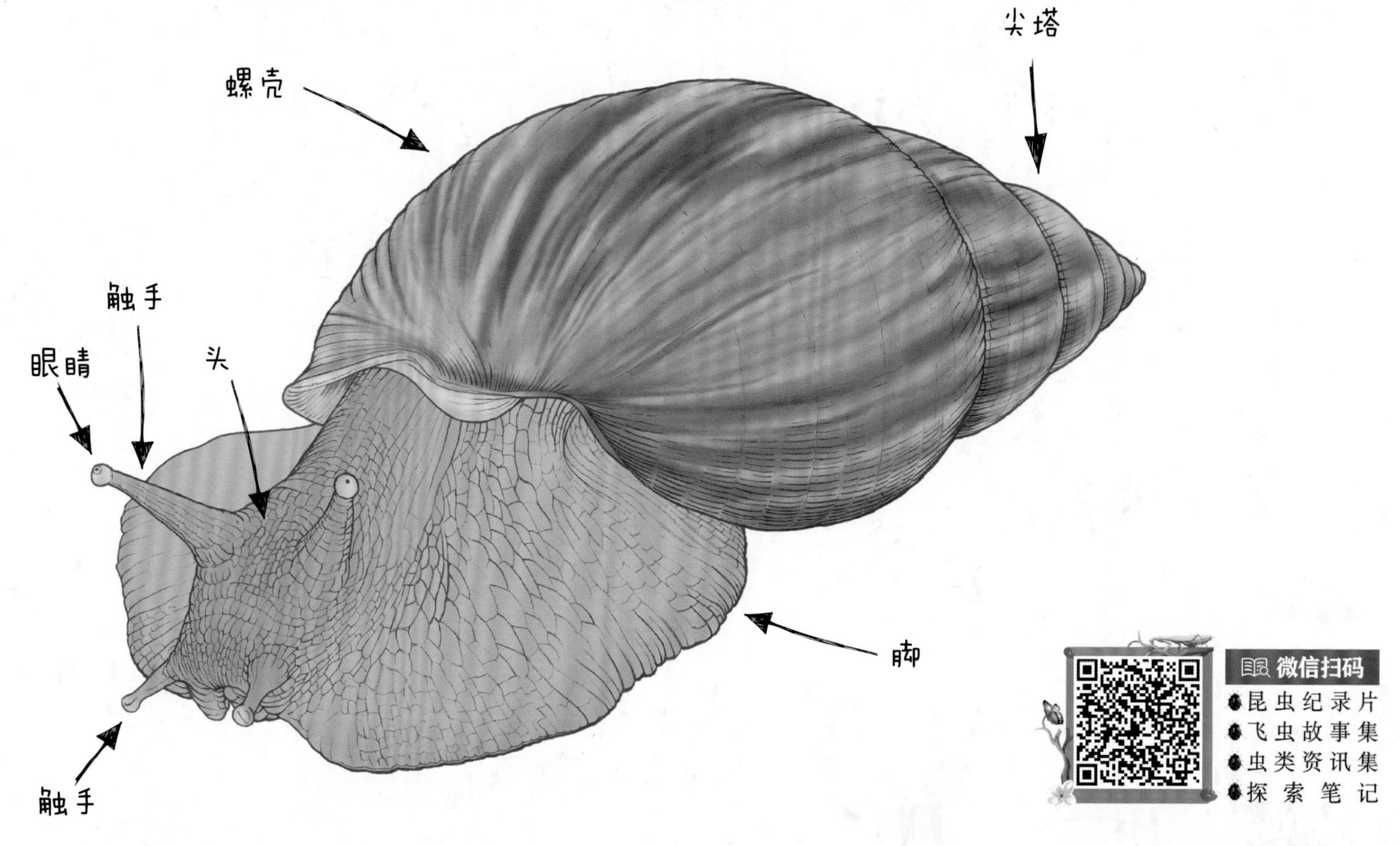

巨型陆栖蜗牛吃什么

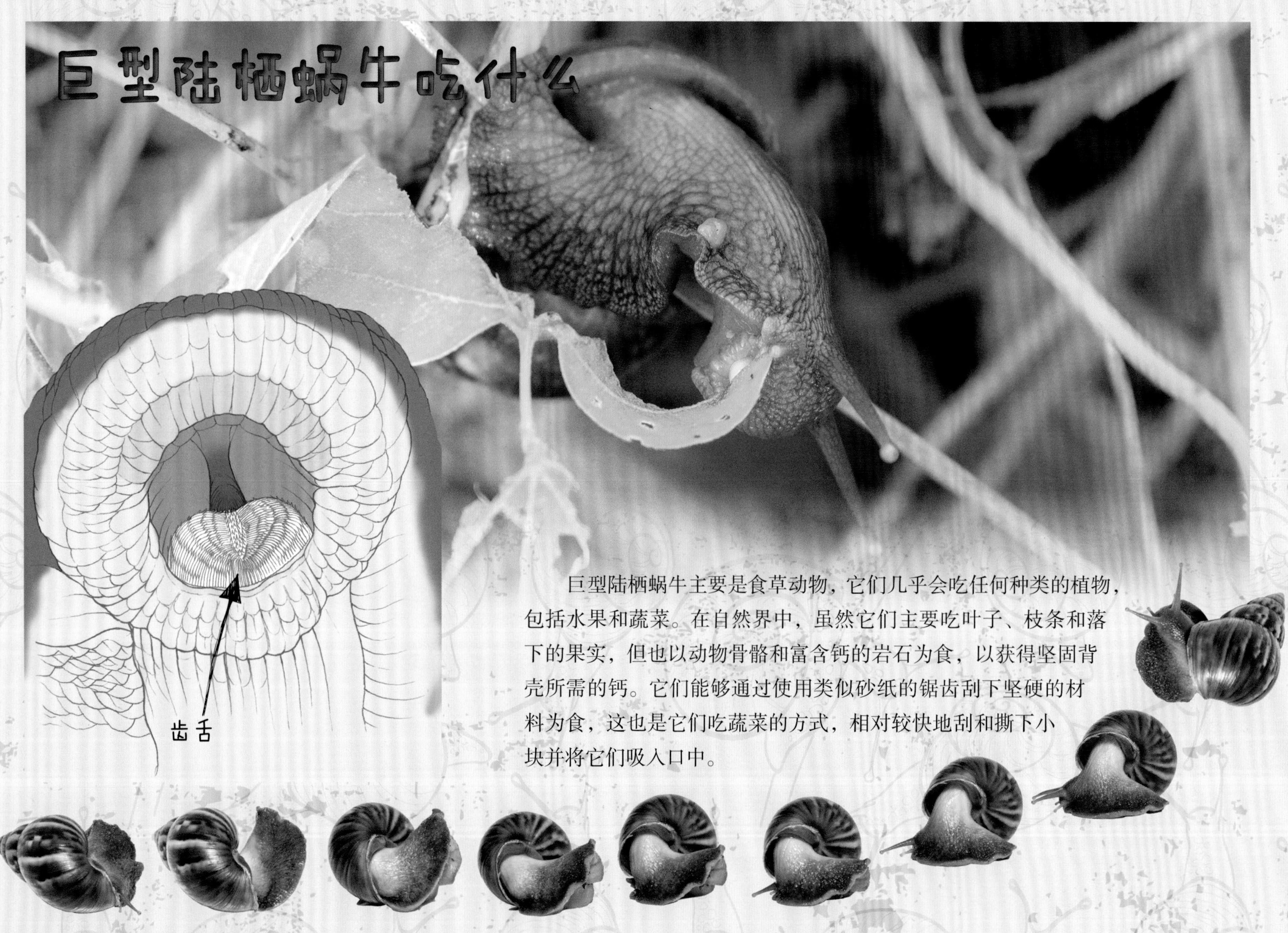

巨型陆栖蜗牛主要是食草动物，它们几乎会吃任何种类的植物，包括水果和蔬菜。在自然界中，虽然它们主要吃叶子、枝条和落下的果实，但也以动物骨骼和富含钙的岩石为食，以获得坚固背壳所需的钙。它们能够通过使用类似砂纸的锯齿刮下坚硬的材料为食，这也是它们吃蔬菜的方式，相对较快地刮和撕下小块并将它们吸入口中。

间谍般的眼睛

许多蜗牛是夜间活动的，有些种类的眼部有杯状凹坑，里面填满了光敏细胞，为它们提供了基本的视力。其他的，比如，巨型陆栖蜗牛，有更发达的眼睛，包括一个晶状体和透明的保护性角膜，使得它们看得很清楚。它们的每只眼睛都包含一只额外的眼睛，有自己的较小的晶状体和感光细胞。人们认为即使蜗牛的眼触须缩起来，这些额外的眼睛也能检测到光线的变化，可以帮助它们判断捕食者何时离开。

防御行为

蜗牛背上有保护壳，这是它们主要的防御手段。当受到威胁时，蜗牛通常会缩回壳中，直到危险过去。蜗牛也会在接触危险时将其眼触须拉入体内，以保护眼睛免受伤害。

哪里可以找到巨型陆栖蜗牛

非洲巨型陆栖蜗牛遍布热带非洲大陆，主要分布在西部和东部。它们还入侵了东南亚、中国南部、美国和西印度群岛。

巨型陆栖蜗牛的生命周期

巨型陆栖蜗牛每隔几个月产一次卵，每次50~400个。产卵后，卵需要12~15天孵化，从而形成幼蜗牛。幼蜗牛只有几毫米长，通常在孵化后几天内开始进食（有时它们长达1周后才开始进食）。一旦开始进食，它们就会大量吃东西并迅速增大体形，如果条件具备、温暖适宜且食物充足，则在1~2年达到性成熟，当然，要根据品种区别对待。当蜗牛有8~10厘米长时就达到了性成熟，一旦达到性成熟。它们的生长就会减慢。即便如此，蜗牛在它们的整个生命周期中仍会继续增大体形。巨型蜗牛如果被照顾得好，一般可以活6~10年，它们的壳可以长达20厘米，有时甚至更长。最大蜗牛标本的纪录是生活在野外的蜗牛保持的，野外的条件在一年中的大部分时间对蜗牛来说都是最佳的。

巨型陆栖蜗牛是雌雄同体，这意味着每只蜗牛都有雄性和雌性性器官。即便如此，自体受精并不常见，繁殖通常需要2只成年蜗牛。当2只蜗牛体形相近时，每只蜗牛都会向对方传递精子，但当1只较大时，较大的蜗牛通常扮演雌性的角色。在这种情况下，较小的蜗牛会将精子传递给较大的蜗牛，使其受精。

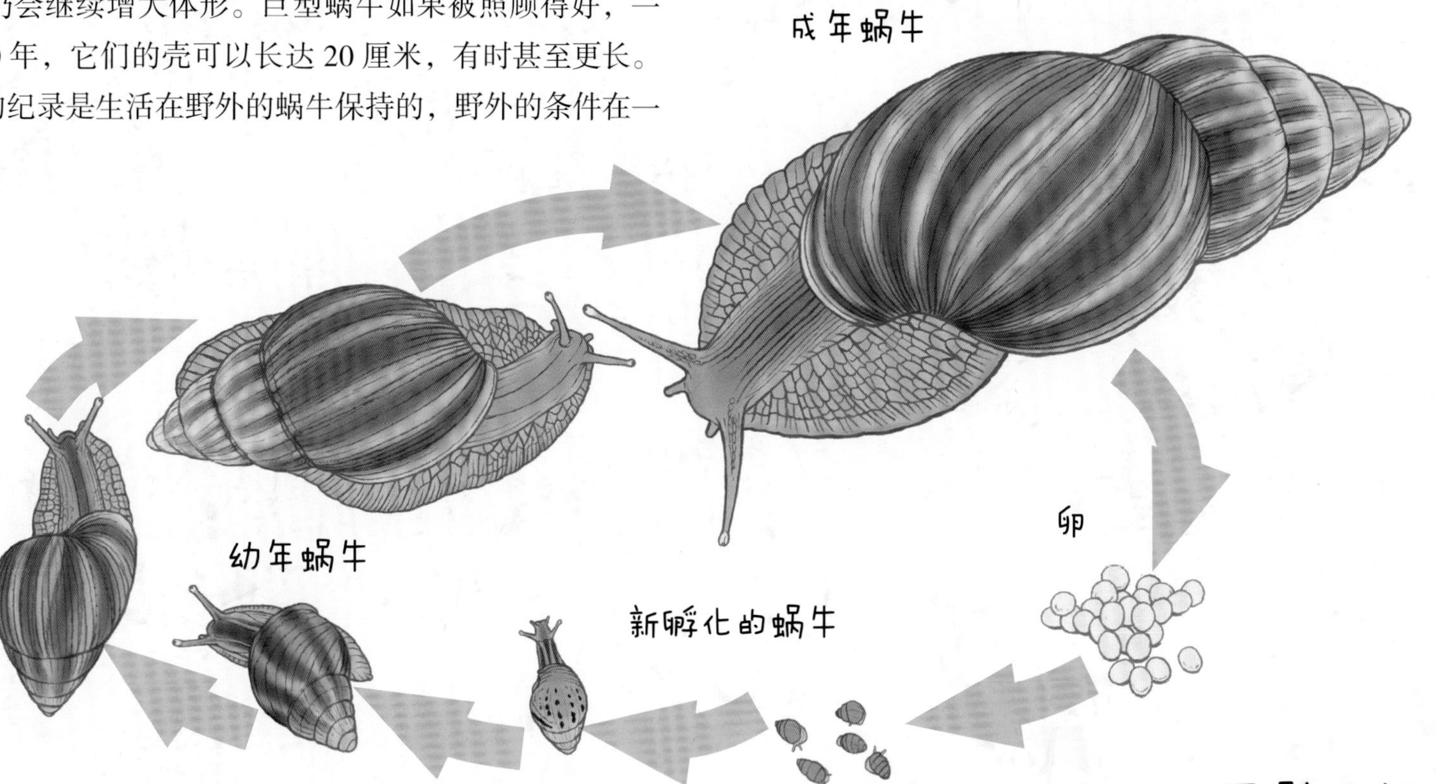

推荐饲养的巨型陆栖蜗牛品种

大约有 35000 种蜗牛适应了远离水的生活，被称为陆栖蜗牛，而不是海蜗牛和淡水蜗牛。在这个总数中，有几百种蜗牛被认为是巨型蜗牛（长 20 厘米或更大）。许多巨型陆栖蜗牛物种都适合饲养。

到目前为止，最常见的是**巨型非洲陆栖蜗牛**也称为褐云玛瑙螺，巨型非洲陆栖蜗牛主要分布在东非的肯尼亚和坦桑尼亚。

琥珀螺也称玛瑙螺，主要分布在从塞拉利昂经加纳到喀麦隆的海岸带及内陆 100~300 千米。成年蜗牛通常长 15~20 厘米，宽可达 10 厘米。这个物种的生长速度较慢，在野外 2~3 年成熟，而且饲养困难。在人工饲养条件下，如果条件和喂养合适，则可以更快达到成熟。在已有记录中，有 30 厘米长和 20 厘米宽的标本，使该物种成为当今最大的陆栖蜗牛品种。

如何饲养巨型陆栖蜗牛

要养一只巨型陆栖蜗牛，你需要做好以下准备：

- 一个长约 40 厘米、宽约 30 厘米、高约 30 厘米的塑料或玻璃饲养箱，饲养箱必须有一个安装牢固且通风良好的盖子；
- 箱底放无泥炭盆土或苔藓，不要用沙子；
- 藏身处，如用树皮碎片、翻倒的花盆等布置；
- 坚固的塑料水盘；
- 喷雾瓶；
- 带恒温器的加热垫来控制温度；
- 新鲜水果和蔬菜；
- 钙源，如墨鱼骨。

合适的饲养箱

玻璃或塑料制成的鱼缸是理想的选择，但它们必须通过无法推开的安全网或塑料格栅顶部进行充足的通风。蜗牛非常强壮，所以盖子是很重要的。因为它们对光有反应，所以箱子壁应该是透明的。

箱底应填满 6~8 厘米深的盆土或类似材料，不要使用当地林地的土壤。土壤的透气基质有助于保持土壤水分和增加土壤湿度，这对这些热带动物非常重要。理想的土壤湿度约为 80%。

底土应始终保持湿润，这可以通过在早上和晚上喷水来实现。土壤不应该是特别湿的，但也不应该让它变干。在一个角落放一小盘水将有助于土壤保持足够的湿度。

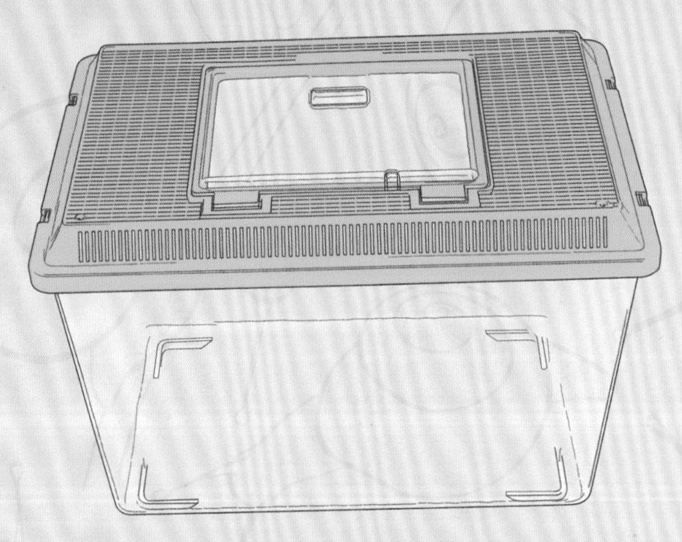

适合饲养巨型陆栖蜗牛的饲养箱

其他需求

巨型陆栖蜗牛受益于恒温条件，白天到晚上的温度波动要很小，在 23℃～26℃这个范围内保持恒温是最理想的。这相对接近室温，但如果你住在天气凉爽的地方，你可以使用装配在饲养箱一侧的恒温加热垫。如果你使用加热器，请确保土壤永远不会完全变干，因为额外的热量会加速土壤中水分的蒸发。

此外，包括一些“家具”，例如，树皮板、树枝或花盆，将为蜗牛提供探索和隐藏的地方。但是，最好避免使用陶瓷，因为如果它们从饲养箱高处掉下来，陶瓷可能会伤害蜗牛——塑料可能会更安全一些。

布置巨型陆栖蜗牛饲养箱

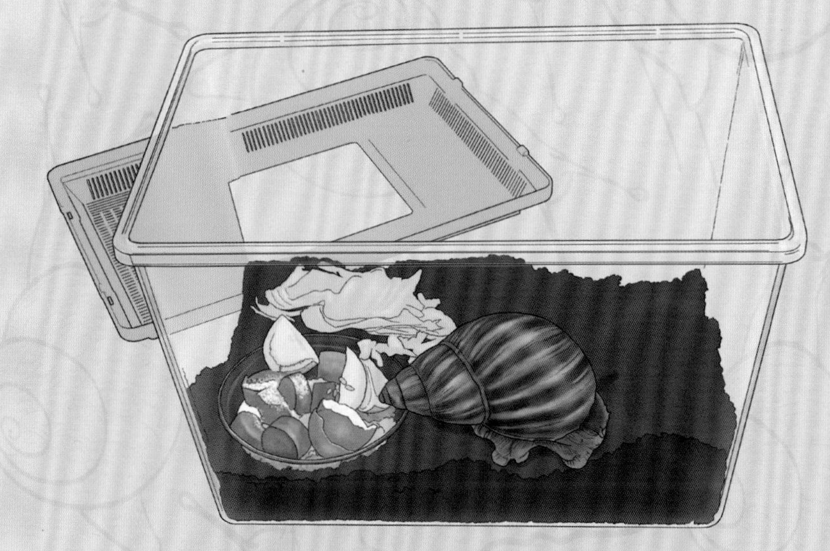

完整布置好的巨型陆栖蜗牛饲养箱

巨型陆栖蜗牛的饲养箱应保持清洁，以避免疾病，这包括在几个小时后取出所有未吃完的食物（特别是软水果）。应定期检查底土并清除废料。底土应该要一点点更换，以去除其他积累的废物。应每月清空一次饲养箱并用热水冲洗，清除所有污垢（不要使用肥皂），用纸巾擦干，然后重新布置内部环境。

每周检查几次成年蜗牛的底土是否有埋藏的卵是很重要的。除非要繁殖蜗牛，否则法律可能会要求销毁卵。要把卵弄碎或用沸水浸泡，而不能简单地把卵扔进垃圾桶。这似乎很残忍，但这些蜗牛每年可能会产下 1000 多个卵，而且根本不可能把所有这些潜在的新蜗牛饲养起来或赠送出去。此外，把蜗牛幼崽放到野外是非法的，因为它们是环境害虫，可能会破坏本地植物，并将新疾病引入当地并危及当地野生动物。所以早期破坏卵，卵几乎不会发育。

巨型陆栖蜗牛吃什么

巨型陆栖蜗牛几乎可以吃人类食用的任何水果或蔬菜，前提是它们不含有害化学物质和杀虫剂。西蓝花、卷心菜、胡萝卜、西葫芦、豆类、土豆和羽衣甘蓝等蔬菜都很好，而水果包括苹果、香蕉、南瓜、木瓜、梨、草莓和西红柿。蜗牛还会吃少量的生肉末，这可以提供有价值的蛋白质。一盆浅水可以使巨型陆栖蜗牛的生活环境保持较高的湿度。

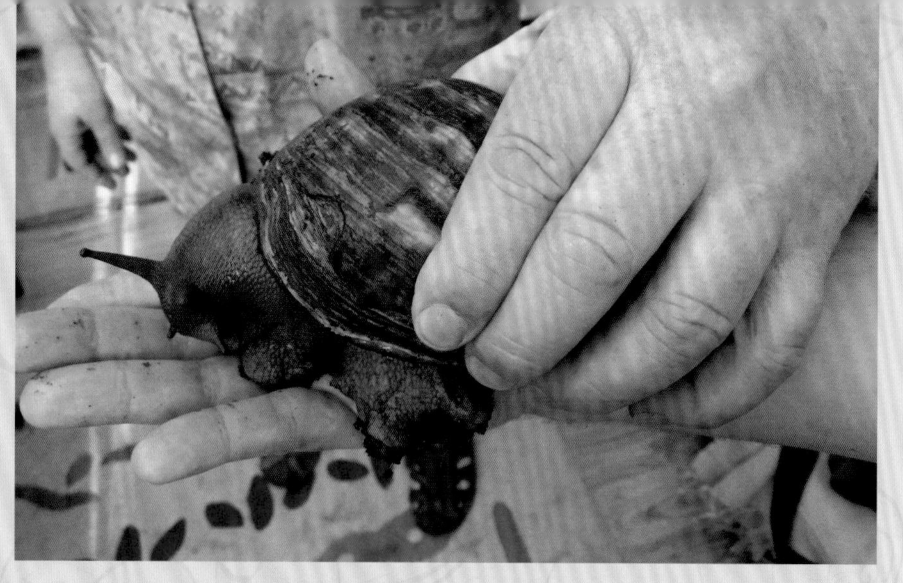

如何抓取巨型陆栖蜗牛

巨型陆栖蜗牛很容易被抓取，并且不会因为被拿起而受到特别的压力。拿起它们之前和之后要彻底洗手——这可以保护它们免受手上可能存在的任何化学物质的侵害，包括保湿剂、肥皂、香水等，所有这些都会刺激它们的皮肤；同时也可以避免蜗牛分泌的有毒液体接触眼睛、口鼻等。

如果蜗牛在底土上，只需轻轻抓住蜗牛的外壳，然后将其放在另一只手上。如果它爬到饲养箱的侧面，请轻轻抓住它的外壳，然后用另一只手将湿手指滑到它的头下，沿着它的身体长度移动以使其与箱壁分离。切勿用力将其从外壳壁上拉开。一定要小心不要让蜗牛掉下来，因为掉落会砸碎它的壳。

处理完蜗牛后，请务必彻底洗手。

巨型陆栖蜗牛的繁殖

单个巨型陆栖蜗牛可以自我受精，但通常需要 2 只才能产卵。卵通常被埋在底土中，需要挖出来。如果想饲养更多的蜗牛，只需选择几个卵并将它们留在原处，然后再移除和销毁剩余的卵即可。

卵会迅速发育，通常会在 2~3 周内孵化。幼蜗牛通常会在几天内开始进食，但有些会长达 1 周不进食。小蜗牛吃的食物和成年蜗牛一样。将它们移到较小的带有通风盖和底土的塑料容器中，最容易监控它们。可以直接将它们放在大饲养箱中，盖子可以防止成年蜗牛进入并防止幼蜗牛窒息。幼体很娇嫩，长到 1 厘米前不宜拿起。让它们爬上它们的食物，然后拿起食物将其一起转移到它们的容器中。

可爱的黏糊糊的蜗牛宝宝

与许多其他无脊椎动物不同，非洲巨型陆栖蜗牛没有幼虫形式，而是从它们的卵中以成年蜗牛的缩影出现。它们吃的食物和成年蜗牛一样，并且长得很快。

作者简介

斯图尔特·麦克弗森是英国的一位自然学家、作家和电影制作人。他从小就对野生动物非常着迷，16 岁时就开始写他的第一本书。斯图尔特后来在达勒姆大学学习地理专业。毕业后，他花了 10 年时间在世界各地攀登了 300 座山峰（其中一些是以前没有被探索过的），研究和拍摄野外的食肉植物。在此过程中，他与其他人共同发现并命名了 35 个多肉植物新种或变种，包括有史以来发现的最大的猪笼草，并写了 25 本系列书籍。

斯图尔特和摄影小组前往世界各地拍摄了数部纪录片，记录不同的野生动物、文化历史和景观。这段旅程花了 3 年时间，其所拍摄的系列纪录片在国家地理、SBS 和其他许多频道上播放。

斯图尔特相信饲养小动物可以让孩子们对生命感到敬畏。他希望孩子们能够近距离体验大自然，未来的自然保护者一定会受到培养和启发。

虫类资讯收藏夹
学习昆虫饲养技巧
鉴赏标本美学
探索观察备忘录
记录身边的虫类
探索自然的奥秘
昆虫故事电台
收听昆虫记
了解昆虫的一举一动
奇异昆虫观察室
收看虫类纪录片
感受神奇微观世界
扫码进入
掌上昆虫研究社
探索奥妙
快乐求知